ものづくりのための立体折紙

3D Origami for Monozukuri

2枚貼り折紙の提案

Proposal of Pairing Origami

野島武敏

3章

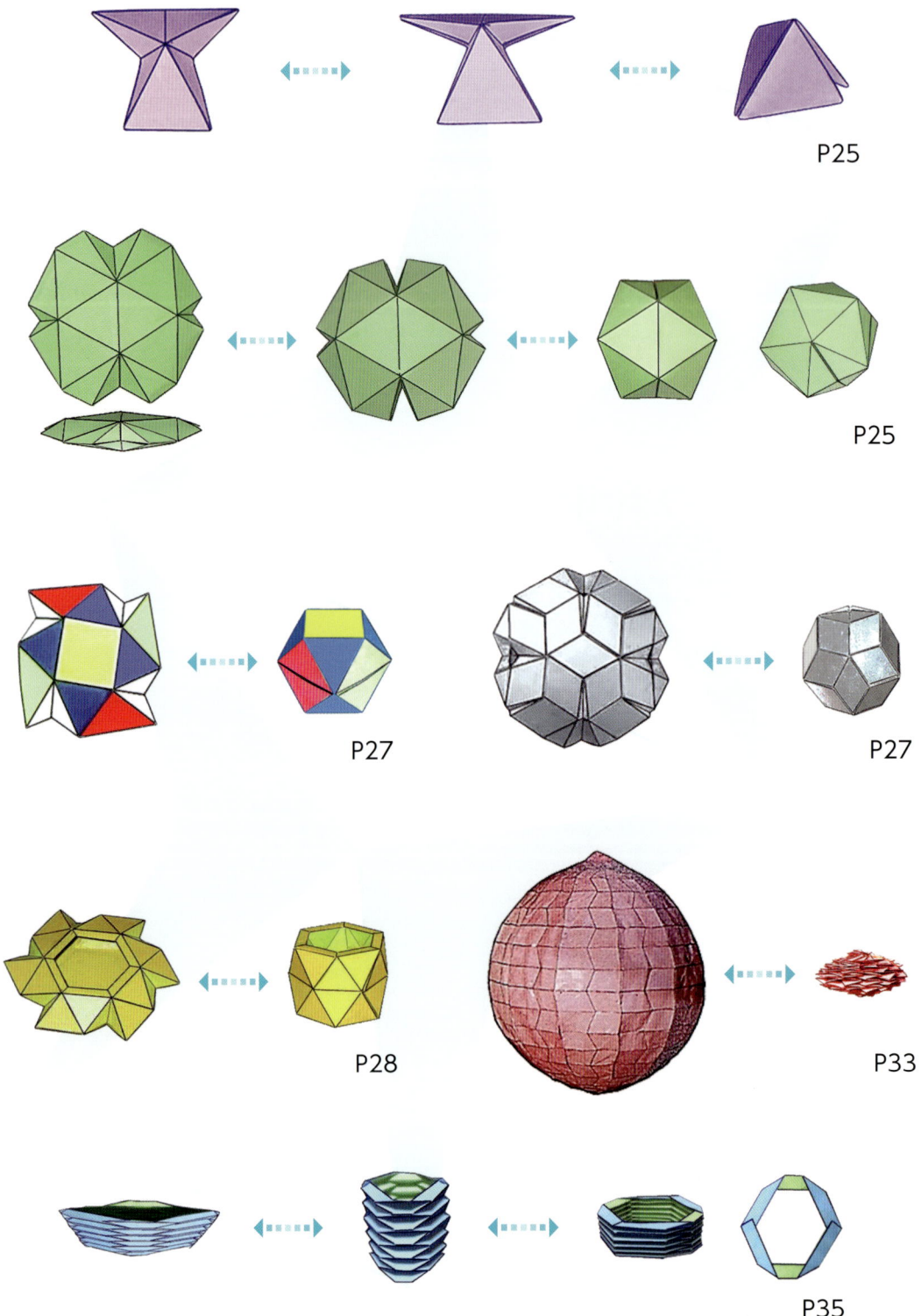

P25

P25

P27

P27

P28

P33

P35

4章

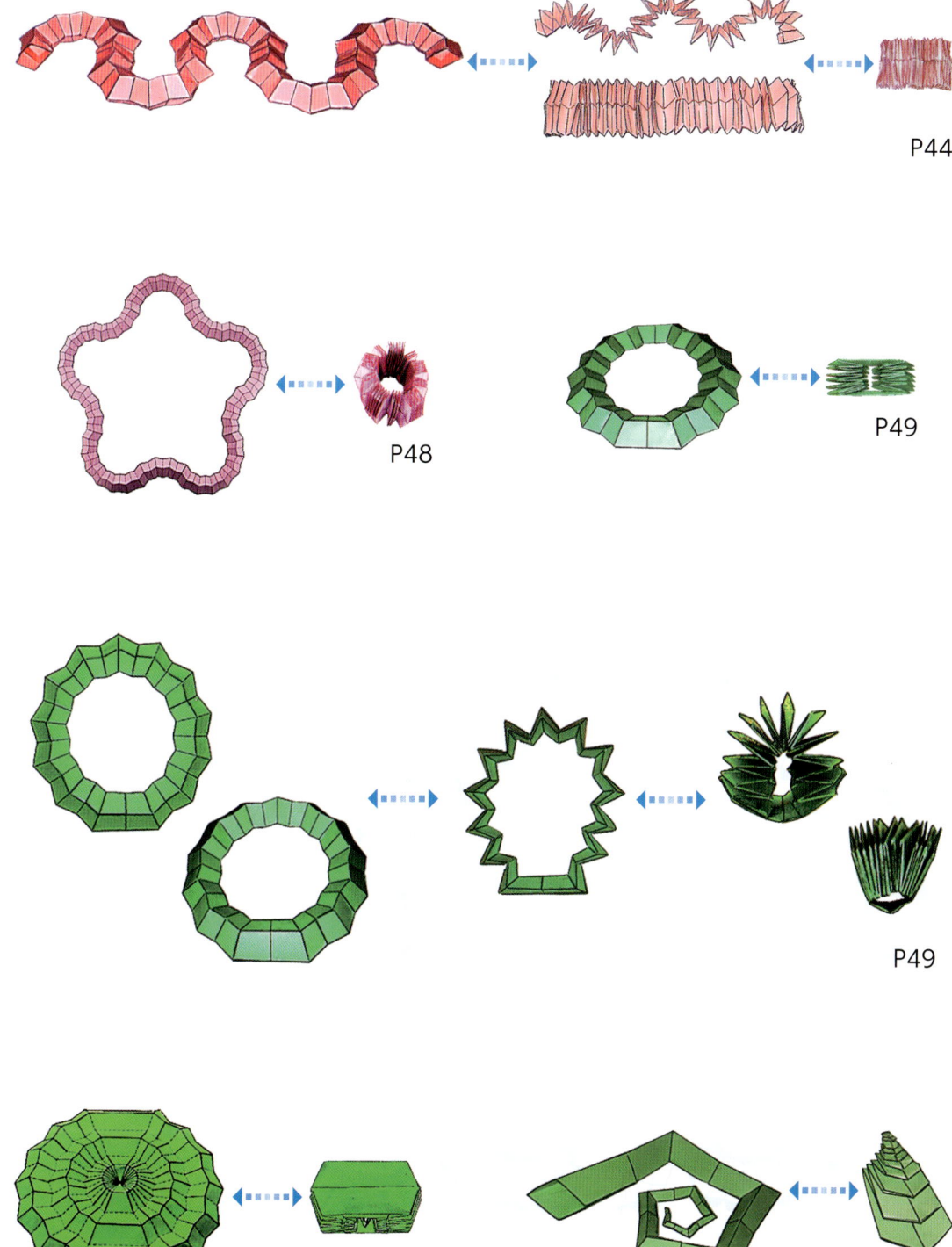

P44

P48

P49

P49

P51

P60

4章

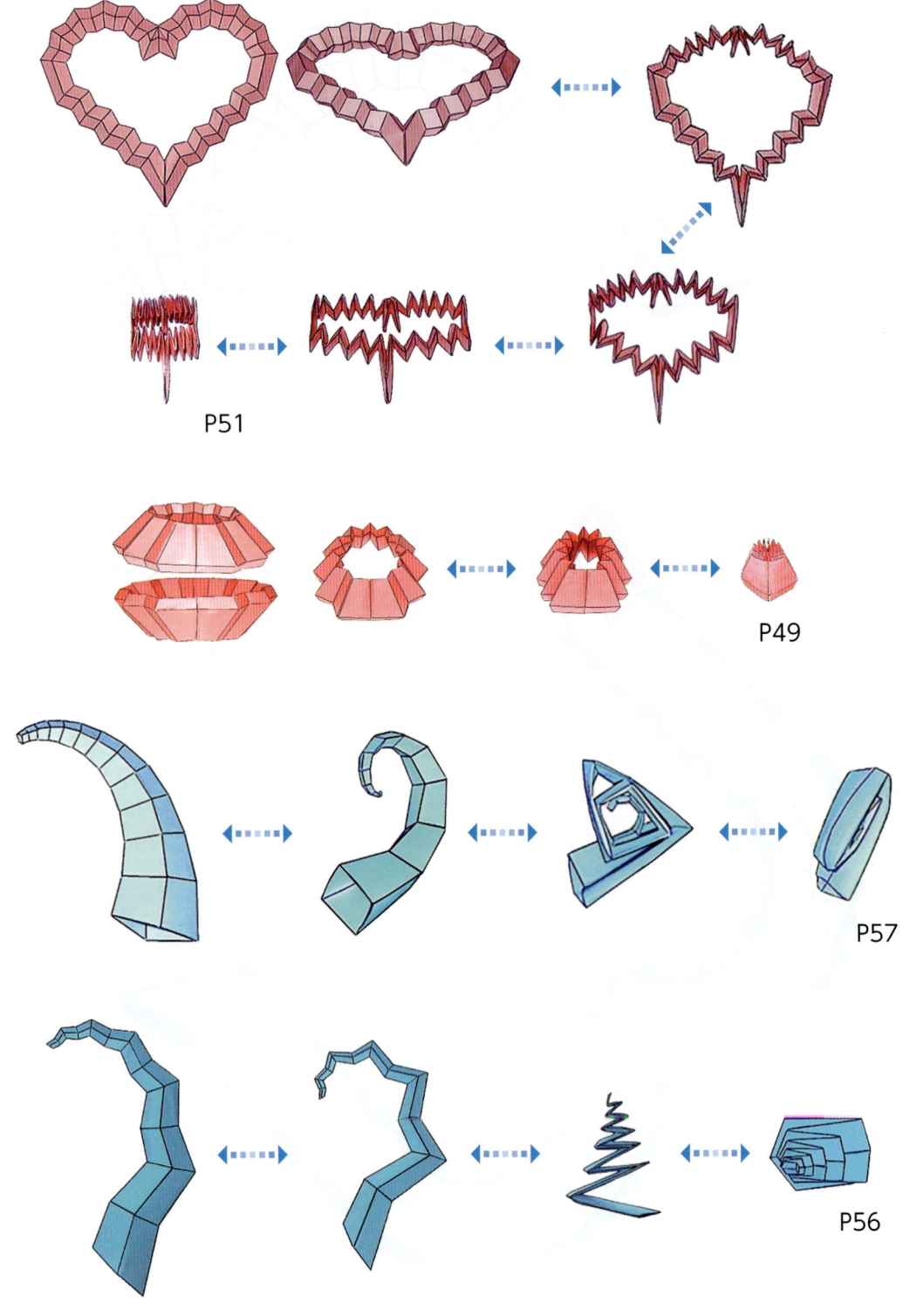

5章

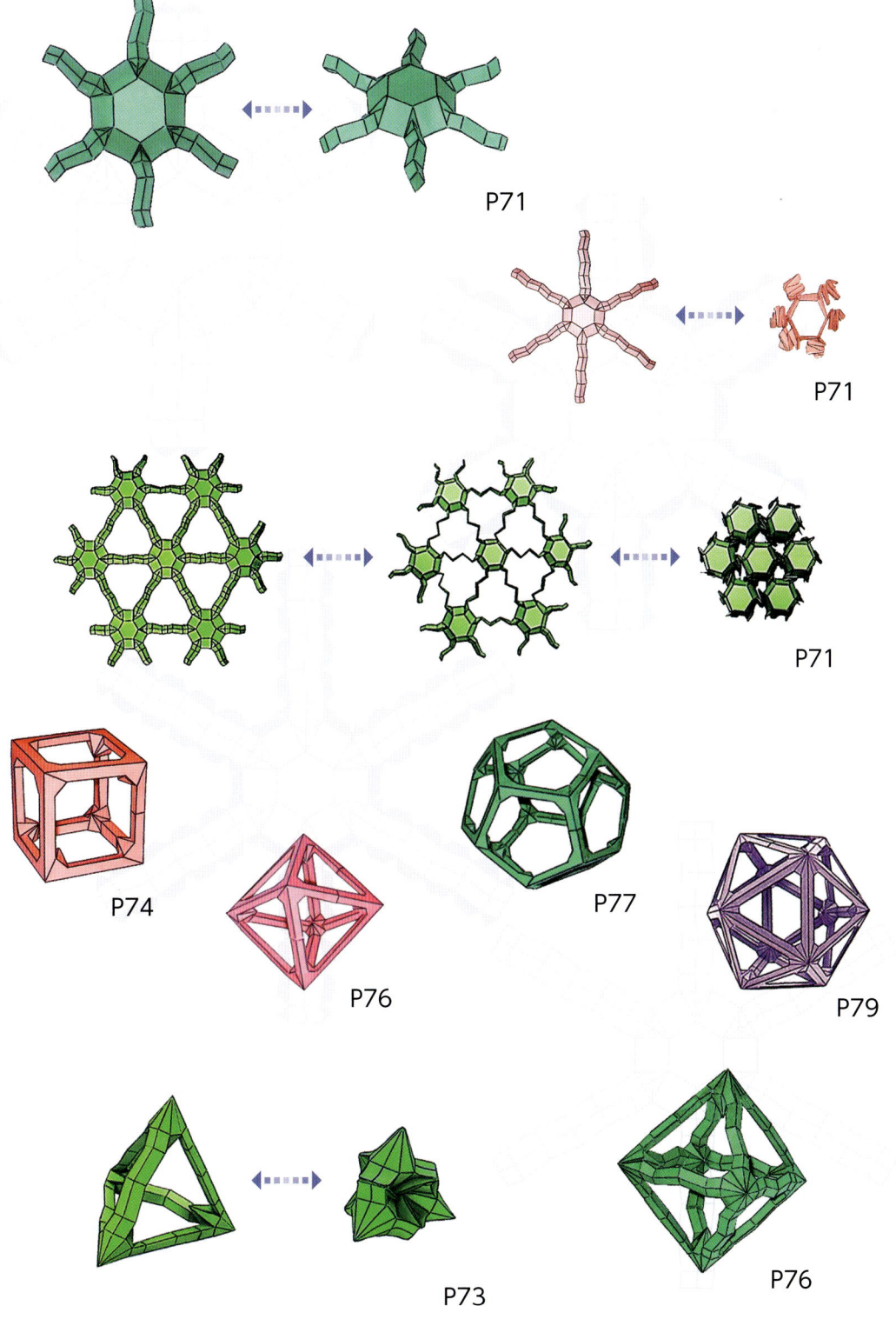

6章

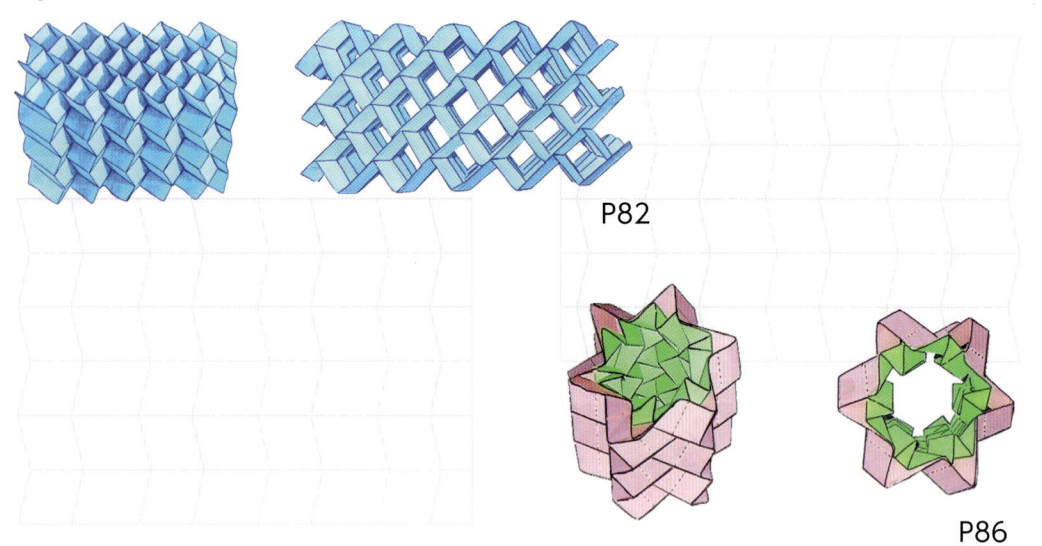

P82

P86

7章

P90

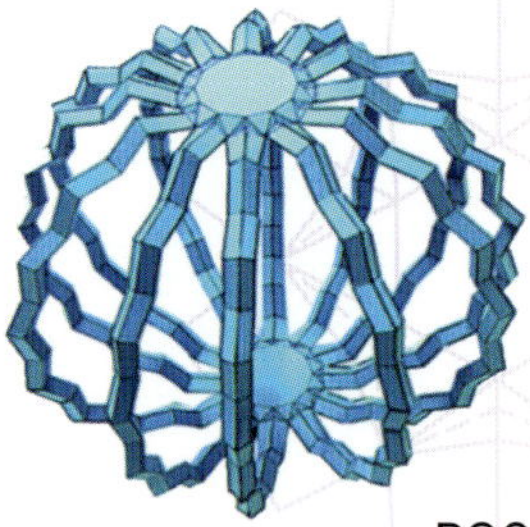

P90

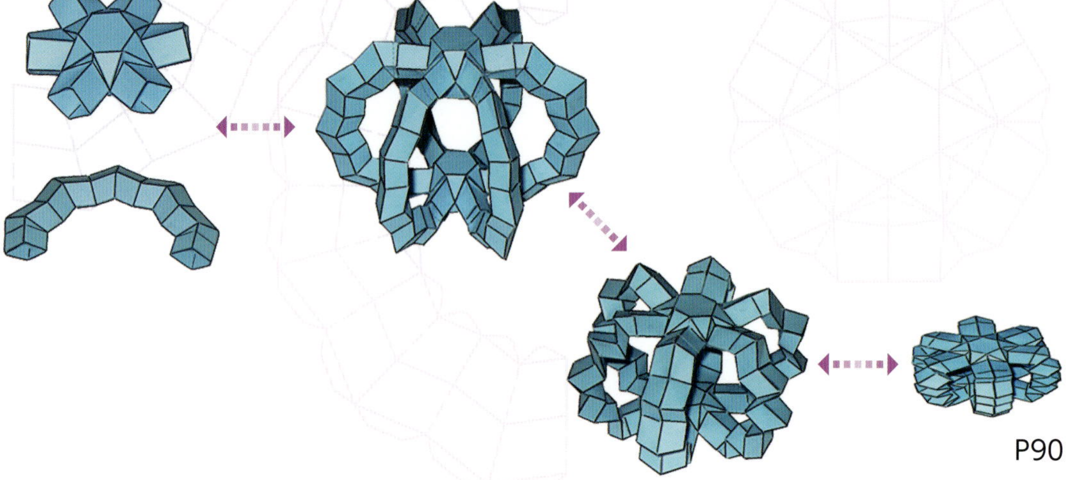

P90

7章

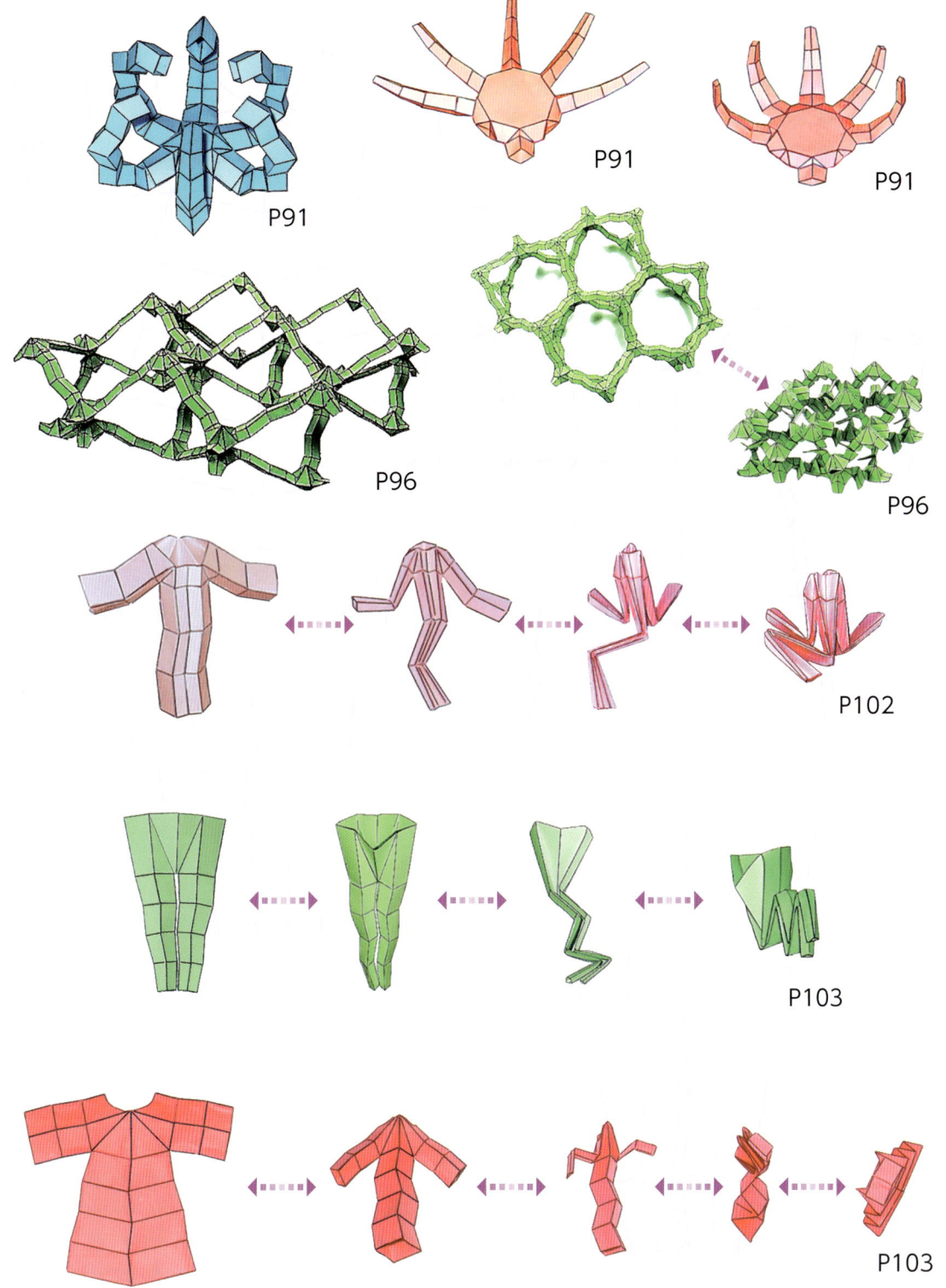

P91
P91
P91
P96
P96
P102
P103
P103

目次

第1章	はじめに	12
第2章	基本事項	16
2.1	節点での折り畳み（平坦折り）条件と折紙における対称な折り線の利便性	16
2.2	凸や凹面体の節点での折り畳みの条件	18
第3章	対称2枚貼り合わせ折紙による基本構造	22
3.1	円形の紙を用いた基本モデル	22
3.2	古典幾何学の多面体模型のデザイン	24
3.3	ものづくりの模型	28
3.4	半径方向に収縮させて折り畳む円形膜の2枚貼り合わせ模型	29
	折り畳みのできる半球および球形状膜の設計への応用	32
3.5	簡便に折り畳める筒構造	33
	(a) 二重蝶番法	34
	(b) 単一蝶番法	35
3.6	単一蝶番法よる簡易折り畳み可能な長尺の筒	35
	(a) 基本的な性質	36
	(b) 対称2枚貼り合わせ法の制約	38
	(c) 対称貼り合わせ法の発展形	38
	長方形断面の筒	38
	擬正4角形断面筒	39
	擬正6角形断面筒	40
第4章	対称2枚貼り合わせ折紙による応用構造	42
4.1	折り畳みのできる任意形状の4角筒のデザイン法	42
4.2	任意形状の一様太さの筒	43
	(a) 湾曲する両端が自由に変形できる閉じない筒	43
	(b) ドーナツのように環状に閉じた筒	46
	(c) 正方形状に閉じた筒	51
4.3	角錐形の筒	53
	(a) 概略直線状の角錐形状筒のジグザグ形の折り畳み	54
	(b) 湾曲した角錐筒のジグザグ形の折り畳み	55
	(c) 湾曲した角筒を巻き取るように折り畳む折紙模型	56
4.4	反転型の等角螺旋状折り線を用いた近似設計法	58
4.5	螺旋形状の角筒の簡便なデザイン法	60
4.6	角錐筒の突合せ接合	61
4.7	2枚貼り合わせによるT字分枝模型とY字分枝模型の折り畳み	63

第5章　分枝構造を用いた応用構造　　　　　　　　　　　　　　　　　68
- 5.1　T字分枝およびY字分枝の連結構造　　　　　　　　　　　　　68
- 5.2　分枝モジュールの折紙模型　　　　　　　　　　　　　　　　　69
  - (a)　Y字モジュール　　　　　　　　　　　　　　　　　　　　69
  - (b)　十字モジュール　　　　　　　　　　　　　　　　　　　　70
  - (c)　亀の子モジュール　　　　　　　　　　　　　　　　　　　71
- 5.3　概略対称のパーツの貼り合わせによる立体折紙模型　　　　　　72
  - (a)　正4面体　　　　　　　　　　　　　　　　　　　　　　　72
  - (b)　立方体（正6面体）　　　　　　　　　　　　　　　　　　74
  - (c)　正8面体　　　　　　　　　　　　　　　　　　　　　　　76
  - (d)　正12面体および正20面体　　　　　　　　　　　　　　　77

第6章　準対称の貼り合わせによる折紙構造　　　　　　　　　　　　　82
- 6.1　平面折りの積み重ねによる角筒の繋ぎ合わせ　　　　　　　　　82
- 6.2　角錐筒の繋ぎ合わせによる扇形および円形構造　　　　　　　　83
- 6.3　部分貼り合わせ手法による模型　　　　　　　　　　　　　　　84
- 6.4　長尺の筒と角錐筒の2層化　　　　　　　　　　　　　　　　　87

第7章　直線や曲線の折り畳み模型の組み合わせによる応用模型　　　　90
- 7.1　水圧や空気圧などで駆動して収縮/展開されることを考えた3次元模型　90
- 7.2　多面体の稜線を繋いで作る折り畳み可能な3次元の網目構造　　92
  - (a)　正4面体の稜線に基づく模型　　　　　　　　　　　　　　92
  - (b)　立方体の稜線に基づく模型　　　　　　　　　　　　　　　94
  - (c)　切頂8面体の稜線に基づく模型　　　　　　　　　　　　　97
- 7.3　折り畳み式の服飾品のデザインへの応用　　　　　　　　　　　98
  - (a)　切込み領域の検討と補助折り線の設定　　　　　　　　　　99
  - (b)　前面と後面の折り線図や切込みが異なる折紙模型　　　　　101
  - (c)　折り畳み機能を持つ服飾品設計のための折紙模型　　　　　102

おわりに　　　　　　　　　　　　　　　　　　　　　　　　　　　　105
参考文献　　　　　　　　　　　　　　　　　　　　　　　　　　　　107
付録1　折り畳みのできる角錐の筒を切断するときの角度関係と
　　　　その幾何学的説明　　　　　　　　　　　　　　　　　　　　109
付録2　等角螺旋を交互に反転させたジグザグの折り線を用いた
　　　　近似折り畳み手法の誤差の評価　　　　　　　　　　　　　　109

第1章

はじめに

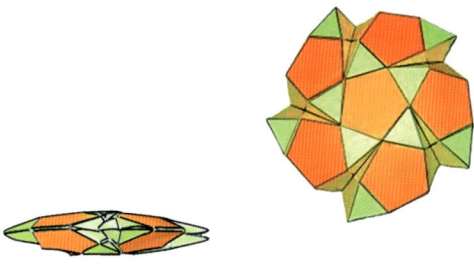

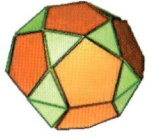

第1章　はじめに

　折紙は我が国の伝統文化として古くから馴れ親しまれ，長い時間をかけて洗練された作品は伝承折紙として今に伝えられている．これらの伝承折紙は近年になって飛躍的に発展し，近代折紙と呼ばれる多様な折紙作品を創出し，今や芸術と呼ぶに値する領域まで達したのではないかと思えるものも数多い．

　一枚の紙を折る伝承的な折紙の発展とともに，創作対象をいくつかに分けて折った後，それらを組み合わせて作品を作る複合折紙や簡単なユニット部品をたくさん作り，これらを差し込むなどして組み上げて作品を作るユニット折紙，あるいはモジュラー折紙と呼ばれる技法が考案され多くの作品が生まれている．

　一方，学術的な研究では数学的課題を折紙の観点から見た研究，工学的観点からその応用を考えた研究などが進められてきた．特に，工学的な応用の期待が大きい宇宙構造に関連する研究については2010年に打ち上げられたJAXAのイカロス（ソーラ・電力セイル）を除けば特筆すべきものはなく，これとて折紙技法の観点からは特別斬新なものではなかったことが残念である．

　著者は折紙構造の持つ構造強化と折り畳み機能の将来性に着目し，このような機能を備えた基本構造の開発に注力してきた．これらは円筒，円錐，円形膜やパラボラ面や球などの折り畳みモデル[1-16]や構造強化を目指した一枚の紙からなる凸凹面など任意形状断面の設計可能な3Dハニカムコア[17,18]や強靭パネル[1,19]などであり，これらの実用化を目指して折紙工学[20-22]を提案した．開発された折り畳みモデルは著名な服飾デザイナーが率いるグループにより服飾品やランプシェードなどに見事に変身し[23,24]，工業用には軽量強靭パネルとして実用化されている[1]．しかしながら，これら一連の研究を通して，モデル化された模型の実用化には，折り線の煩雑さなどの理由で，なおハードルが高いことを認識させられている．実際のものづくりを考えると，より複雑な3次元の立体構造をモデル化すること，これらを折紙で具現化するには折り線数の低減化のみならず更なる簡素化などの努力を必要とし，解決すべき課題は山積みである．

　本書は「立体を同じ折り線図からなる展開図を2枚対称に貼り合わせて作る」新たに提案する折紙手法について述べるものである．これを簡単に「対称2枚貼り折紙」と名付ける．このような手法を用いた例は幾つか報告されているが，系統的な研究はないためこれを未踏の分野と考え，この折紙をPairing Origami（ペアリング折紙）と呼ぶことにする．この手法を折り畳める立体折紙構造のモデル化の簡便手法と位置づけ，Japan originalとして育てたいと考えている．

　この2枚対称に貼り合わせによる折り紙模型の基本形を示したものが図1.1(a)で，図の〇点を蝶番のようにして立体化するもので（図1.1(b))，模型は図

の(a)と(b)の間を行き来できる．折り畳みの基本中の基本は折り線の対称性にある．例えば，「鶴」を折ってこれを元に戻すと，対称な折り線が多く見られる．これは折り線を対称に配置すると簡単に折り畳まれることと関連している．折り畳みを考慮しながら立体構造の展開図を作ることは折紙に精通していてもなかなか厄介であるが，2枚を対称に貼ることで，貼り合わせ部でのこの厄介さから一挙に解放される．これが対称2枚貼りを提唱する基本理念になっている．図1.1(c)は立体化したものを元の形態(図 1.1(a))に戻すのではなく，横幅あるいは半径方向に収縮させながら折り畳む模型の模式図である．

図 1.1(d)～(g)は対称にその側面を貼り合わせた 2 枚の短冊の中心部を持ち上げ4角形断面の筒に立体化しこれを長手方向に折り畳む考えを示したものであり，これが本書で用いる基本モデルである．

図1.2は図1.1(a)(b)の例で，概略球体を平面から瞬時に立ち上げて作る折紙模型である(第3章に記述)．

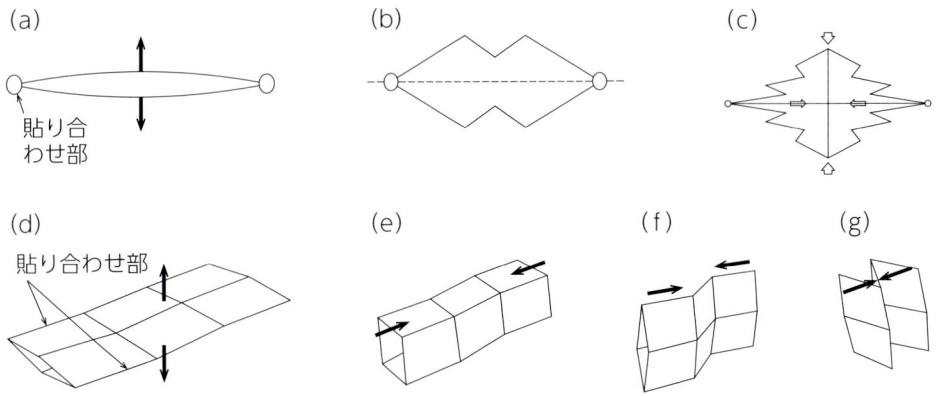

図1.1 対称2枚貼り折紙の概略，
(a)(b)貼り合わせ状態から引っ張り上げて立体化，(c)半径方向に収縮して折り畳まれた状態から立体化，
(d)～(g)貼り合わせ状態から立体化の後，軸方向に折り畳み

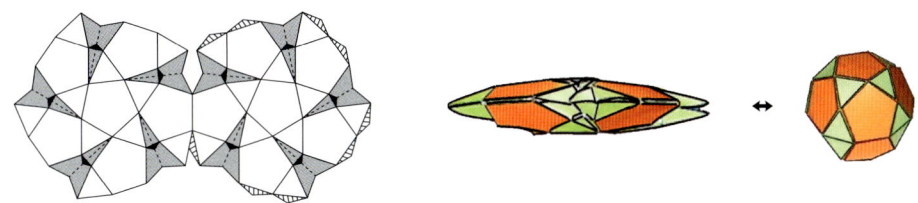

図1.2 対称2枚貼り折紙を用いた瞬時に立体化できる折紙模型の例

本書はこのような手法で概略直線の筒や湾曲した筒などの種々の基本構造を創出し，これらをモジュールと名付けた分枝する部品の枝部として，あるいはそれらを接合するなどして新たな構造を作ることを一つの目的とする．また，対称貼り合わせを少しずらせた準対称の貼り合わせ法，予め細工折りを設けた紙を貼り合わせこれを一枚の紙として折る折紙手法や服飾品のデザインへの応用などを述べる．これらの多くはプラスチックなどで成形し，大きな構造を空気や水などで駆動することも考慮してモデル化している．上述の折紙の発展過程から見ると本書の実用模型には複合折紙やモジュラー折紙の考えが用いられている．

　本書は立体の機能構造をともかくも分り易く，簡単に作れるモデルを開発することに主眼を置き，ものづくりを目指した立体折紙の基本的な考えを，本書を著作するため創出した模型を主体に，できるだけ数式を用いずに記述するもので，折紙模型の一般的な製作法や事項に言及するものではない．

第2章

基本事項

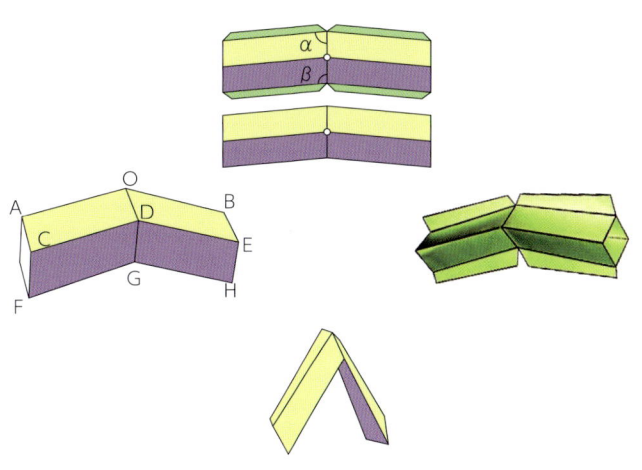

第 2 章　基本事項

2.1　節点での折り畳み（平坦折り）条件と折紙における対称な折り線の利便性

図 2.1(a)のように正方形の紙の中心線で 2 つ折りにすると左右対称である（図 2.1(b)）．図の右下部分を更に図 2.1(c)のように折り，開くと図 2.1(d)のように新たな折り線は中心線で対称になっている．これを逆に考えると，折り線を対称に配置すると折り畳みができることが担保されることを示唆している．

図 2.1(d)の折り線が合流する点を節点と呼ぶ．このような 1 節点 4 折り線図は一般的に図 2.1(e)のように示され，4 分割された角度を図のように定める．これを折り畳むと図 2.1(f)のようになる．図で折り線①を基準に考えると，谷折り線③は $\alpha - \beta$，あるいは $\delta - \gamma$ だけ回転した位置にある．これらの角度は互いに等しくならねばならないから，平坦に折り畳まれるとき次式が成り立つ．

$$\alpha - \beta = \delta - \gamma \tag{2-1}$$

全折り線は 1 つの平面上にあるから，$\alpha + \beta + \gamma + \delta = 360°$ より，式(2-1)は次のようになる．

$$(\alpha + \gamma) = (\beta + \delta) = 180° \tag{2-2}$$

これは図 2(e)の 4 つの中心角を一つ飛びに足すと 180°（補角）になることを示す．これを一般に'平面紙の平坦折りのための補角条件'と呼ぶ．図 2.1(g)に示すように円形紙が 4 本の折り線で分割された領域をⅠ～Ⅳとする．折り畳まれたときⅠとⅢが表，ⅡとⅣが裏になるから裏と表の部分の角度の和が等しいこと，すなわち式(2-2)が成り立つことは考えるに当然のことではある．また，これより，一つの節点周りに平面を平坦に折り畳むためには，4 あるいは 6，8 本など偶数の折り線が必要であることに気付くだろう（2 本の場合は図 2.1(b)で中央に〇で示した節点を考える）．これも紙には表と裏しかなく，折り畳まれたとき折り線で紙の表，裏が交互に現れることを考えると納得できる．奇数本の折り線の場合はもちろん折り畳むことはできず節点で立体の頂点が作られる[1]．

図 2.1(d)の対称形の折り線を図 2.1(h)のように斜辺の長さが等しい 2 つの 2 等辺 3 角形の斜辺で置き換え，これらの 2 等辺 3 角形は頂点でピンによりつながれているとする．上の 2 等辺 3 角形を回転させても補角条件は成り立っている．2 つの 2 等辺 3 角形△AODと△COBの底辺ADとBCは直交する（図 2.1(i)）．節点 O でこれらの辺に平行に点線で示した直交する線分を描きこれらを鏡Ⅰ，Ⅱとする．点Aから出た光は点Oで反射して点Dへ，点Bから出た光は点Oを経て点Cに至る．鏡Ⅰに対して点BとC，鏡Ⅱに対して点AとDは対称である．この折り畳み条件から得られる特性を理解していると，円形の紙や円錐殻の折り

畳み構造を設計する際極めて重宝である．これを著者は4折り線法の「直交鏡面則」と名付けた[2-4]．

上述の鏡面則を用いた描画例を以下で紹介する．図 2.1 (j) は円形膜の一部を示したもので，本書では円形膜を半径方向に折り畳むモデルや折り畳みの出来る円錐の設計などに用いる．点 A，B，C，点 D，E，F は各々同一半径上に等間隔で配されたものであり，半径方向の折り線をジグザグにするため点 D，E，F は点 A，B，C より中心角で角度 θ だけずれた位置にある．点 B から半径方向と角度 ϕ をなす折り線 BE を引く．点 E よりさらに中心に向けて折り線 EH をどのように引けば，点 E で折り畳み条件が成り立つのだろうか？ 点 D，E および F は同心円上にあるから，鏡面則により一つの鏡面は半径と垂直である．結果，もう

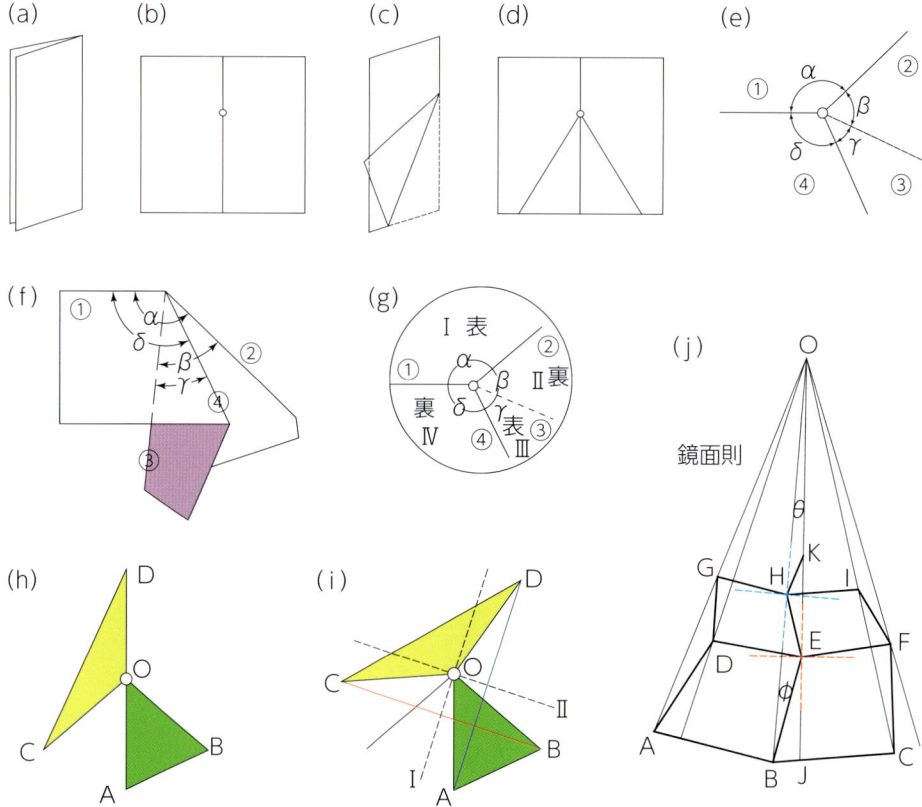

図2.1 (a)〜(d)対称な折り線の説明，
(e)折り線が合流する節点の説明と1節点4折り線図における角度の定義，
(f)折り畳み時の折り線位置と角度，これより得られる平坦折りの条件式(2)，
(g)折り畳んだときの各領域の表裏を用いた式(2)の説明と平坦折りに必要な偶数本の折り線の説明，
(h)(i)平坦に折り畳まれるとき，折り線が直交する鏡に反射するように交差することの説明図(4折り線法の直交鏡面則)，
(j)円形膜の半径方向の折り畳みの設計の際に有用な直交鏡面則の応用例

一つの鏡面は半径となる．すなわち∠HEO = ∠BEJ で，∠BEJ = φ + θ であるから∠HEO = φ + θ となり，∠EHB = φ + θ + θ となるから∠OHK = φ + θ + θ となり，反射する毎に，半径方向となす角はθだけ順次増えてゆく[2]．それゆえ，角度φやθが大きいときには，中心に近づくと数回の反射でφ + θ + θ + θ + ……が90°を超え折り線が描けなくなる．これは円形膜の中心部までジグザグ折りで折り畳めないことを意味する．著者は折り線の描ける半径が sin φ になると明らかにしている[9]．円形膜を折り畳む模型を設計するとき中央にハブを設ける[9,12]ことはこのことと関連している．ここでは節点での折り畳み条件を述べたが，立体折紙では折り畳めない1節点5折り線が度々現れる．本書を読むにあたっては節点での折り線数を確認する努力をしてほしい（例，図3.2(a)）．

2.2 凸や凹面体の節点での折り畳みの条件

　垂直の軸周りに回転して作られた薄い殻からなる湾曲した面状のお椀を図 2.2(a)に示す．この湾曲面を図の①〜④のように平面の小要素の集まり，すなわち湾曲面を多面体に置き換えて折り畳みを考える．これら4つの要素を取出し①と④だけを切り離し平面の上に並べると（図 2.2(b)，4要素の接合点をO），これらの間に隙間が生じる．これらの要素の折り畳み条件は線分OCを基準にして，線分OA，OEを折ったときこの隙間がなくなる条件から図2.1(f)と同じ考えにより$\beta - \alpha = \gamma - \delta$となる．すなわち次式を得る．

$$\alpha + \gamma = \beta + \delta \tag{2-3}$$

図2.1(e)との相違は凸面であるから$\alpha + \beta + \gamma + \delta < 360°$である．式(2-3)は凹に湾曲した面の頂点でも成り立つ．平面の折り畳み条件式，式(2-1)と同じように湾曲した場合においても'対角の角度の和が等しいとき'に折り畳まれことを示し，式(2-3)を平坦に折り畳むための一般形と考えることができる．

　本書で取り扱う対称2枚貼り合わせ折紙を例にしてこれを具体的に考える．図2.2(c)のように中央で少し曲がった上下端が平行の短冊を考え，上下端中央に対称の折り線を設け，角度を図のように定める（$\alpha + \beta = 180°$，$\alpha < 90°$　$\beta > 90°$）．この短冊を2枚対称に貼り合わせ，上下端を押すと図2.2(d)のような4角形断面の管状になり，図2.2(e)のように折り畳まれてゆく．図2.2(d)を上から見ると図2.2(f)のようになっている．この上面図の稜線BOをカットすると，中心Oに集まる4面の頂角の合計が$4\alpha < 360°$であるから，図2.2(g)のように切れ目が現れる．頂点Oで合流する折り線は双方とも山折り型の稜線である（図2.2(h)）．図2.2(i)は下から見たもので，その展開図は集まる4面の頂角の合計が$4\beta > 360°$になるため，稜線HGをカットすると図2.2(j)のように交差す

る．中心点Gで合流する長手方向の稜線は谷型，他方は山型である（図2.2(k)）．このような面構造は背反構造[30]と呼ばれ，これは集まる面の頂角の和が360°以上であることに起因する．図2.2(g)(j)から分かるように上，下面の頂点（節点）OおよびGで折り畳み条件（式(2-3)）が成り立っている．側面の頂点Dで折り畳み条件が成り立つようデザインしているからこの筒構造は折り畳みに必要な条件を満たしている．すなわち，本書で用いる対称2枚貼り合わせによる折紙模型では，貼り合わせで作られる頂点（節点）で折り畳み条件が自動的に成り立つため，折り畳み型の構造をデザインするのに極めて好都合なのである．

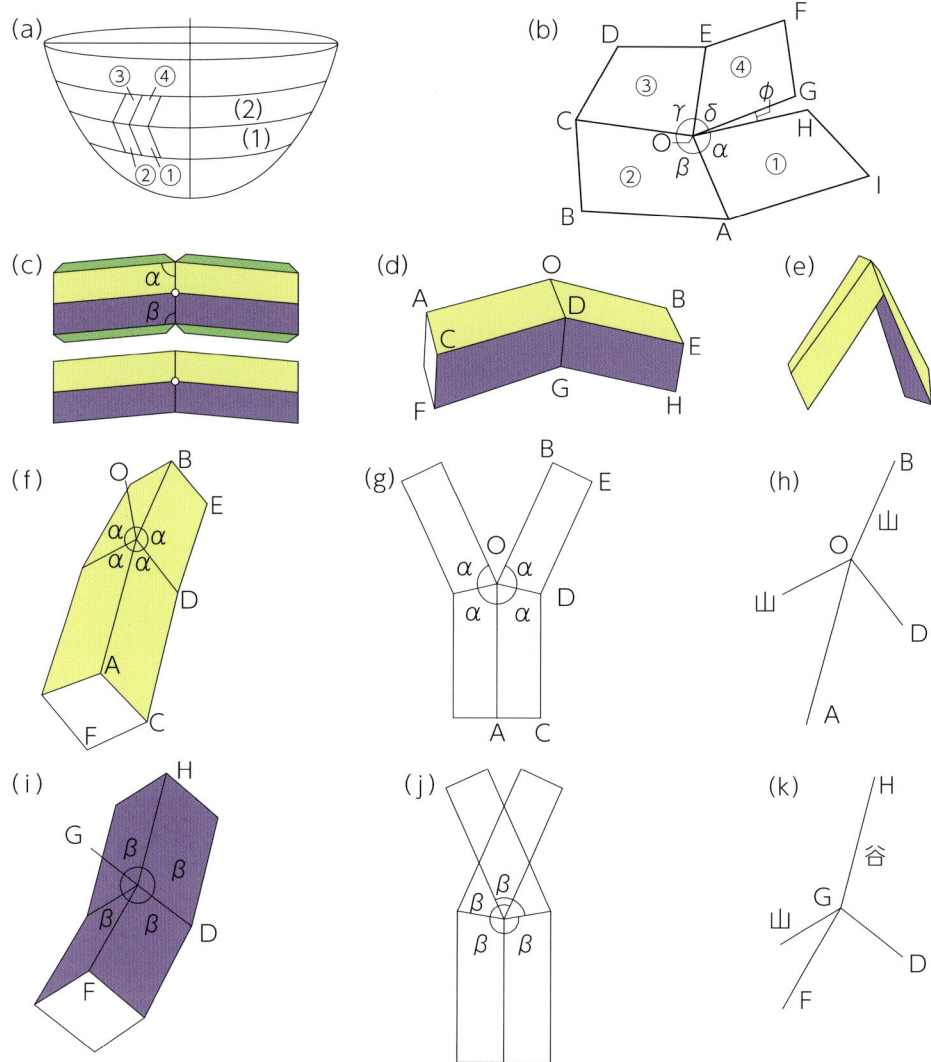

図2.2 (a)(b)折り畳みの条件を考察するため，曲面を多面体で近似，
(c)〜(e)対称2枚貼り合わせ折紙による筒の折り畳み条件の考察，
(f)〜(h)図(d)の上面(凸面)の様子，節点周りの要素角度の合計＜360°，
(i)〜(k)下面(凹面)の様子，節点周りの要素角度の合計＞360°

本書で用いる対称 2 枚貼りの展開図の配置を上の例を用いて述べる．図 2.2 (c) を直線 AB を対称軸にして配置したものが図 2.2(l) であり，直線 AB で折り返すと境界線①と②，③と④が同じ位置にくる．「'対称'2 枚貼り折紙」はこの対称配置に基づいて名付けられている．対称線 AB で折り畳む展開図を作ったものが図 2.2(m) でこの薄墨部を糊付けして折紙模型を作ると図 2.2(n) のようになり，筒の上，下にある糊付け部は一体化して図 2.2(e) のようにスムーズに折り畳まれる．

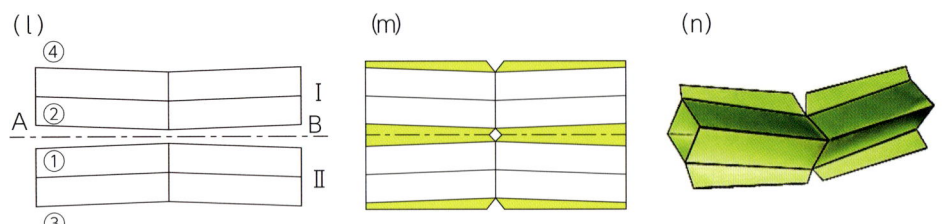

図2.2　(l)〜(n) 対称2枚貼り合わせ法の折り線図の対称配置の説明とその折紙模型
(続き)

第3章

対称2枚貼り合わせ折紙による基本構造

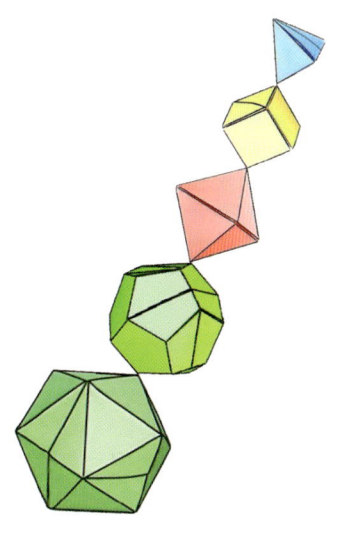

第3章 対称2枚貼り合わせ折紙による基本構造

この章では新たに提案する2枚貼り合わせ折紙(pairing origami)による基本的な模型の作り方について述べる．それらは円形の紙やこれに手を加えた展開図を用いた略球体などの丸みのある立体や，誰でも簡単に作れる折り畳める筒状の構造などである．

3.1 円形の紙を用いた基本モデル

最初，最も簡単な例で考える．2枚の(平面の)円形の紙同士を全周に渡って貼り付けると平面の状態から立体にはできない．周知のように，円を扇形に分割しその一部を取り去ると円錐殻を作る展開図になる(図 3.1(a))．円錐殻の円形の下端は平面上に隙間なく置けるから，図 3.1(b)のようにこれを対称に配置して周辺の端を貼り合わせることで，算盤玉状の上下対称の折紙模型が作られる(図 3.1(c))．この模型は「凸の多面体」であるため安定でその形を変えることはできない．形を可変にする方法の一つは図 3.1(d)のように展開図の外周部をジグザグにして凹の面を(周期的に)導入し，谷折り線を用いて折り畳みの機能を付与す

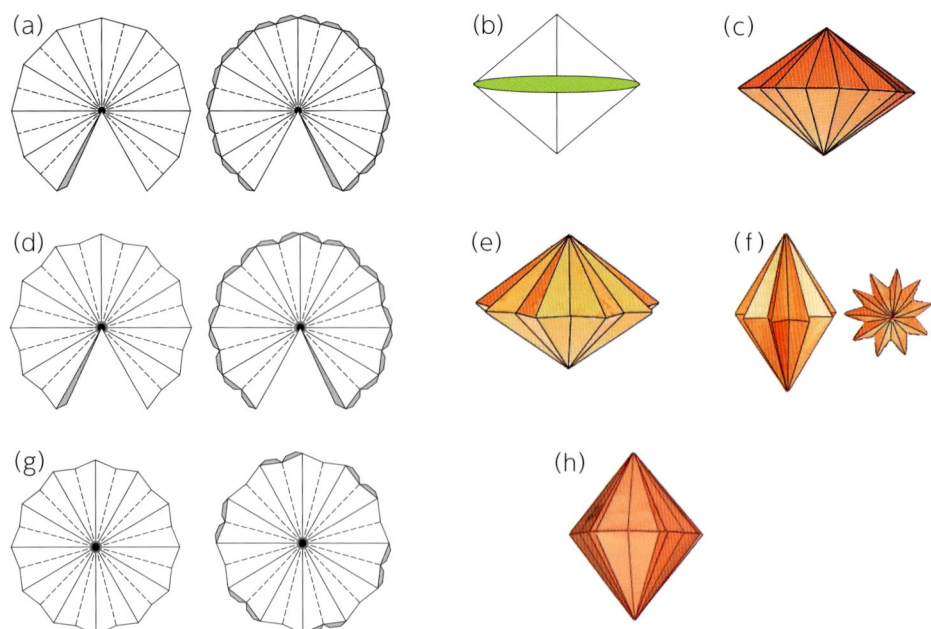

図3.1 (a)～(c)円錐殻を対称に配置して貼り合わせて作られる算盤玉状の折紙模型(凸の多面体のため安定構造で形状不変)，
(d)～(f)展開図の外周部をジグザグにして凹の面を周期的に導入し折り畳みの機能を付与して形状の可変化(中心方向に収縮する模型)，
(g)(h)周辺の接合を部分的に解いて可変にする境界の部分的貼り合わせ法

ることである．その結果，図 3.1(e)(f)に示すように(膨張時には)安定な構造から中心方向に収縮できる模型が作られる．別の方法として，周辺の接合を部分的に解いて拘束を緩めると，凸の多面体であってもその部分に折り畳み機能を与えれば形を可変にすることができる．この例を図 3.1(g)(h)に示す．これを以下では境界の部分的貼り合わせ法と呼ぶ．

　上述の境界の部分的貼り合わせ法を用いて展開可能な樽形あるいは卵形の模型を示したものを図 3.2(a)に示す．外周の糊付けされない部分を図 3.2(b)(c)に示すように内側に折り込むか，外側に襞として取り出すかはデザイン性に基づく選択による．図 3.2(a)の半径方向を更に細かく分割すると，より丸みを帯びた形にすることができる．図 3.2(d)～(i)は半径方向を 3 分割したときのパーツと折紙模型である．このような折紙模型は両手に包めるサイズで仕上げると，立体化・平面化の繰り返しの操作が容易である．図 3.2(j)～(l)は卵形の半分を

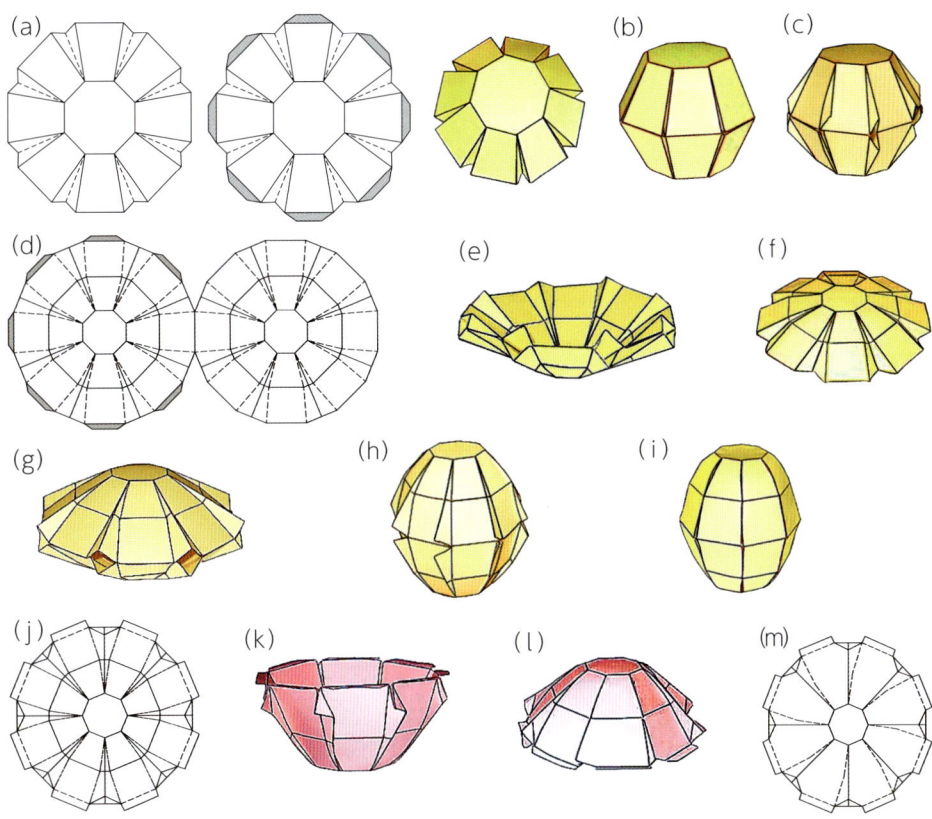

図3.2　(a)～(i)境界の部分的貼り合わせによる樽形/卵形の模型を作る展開図．細かく分割するとより丸みを帯びた形になる((図(g)～(i))．
　　　　(j)～(l)卵形の半分を用いて作ったお椀形状容器．襞の上部を折り返して形を保持．
　　　　(m)外に襞を設ける模型では図(j)で設けた襞を作る谷-山-谷折り線から片側の谷折り線を削除可

用いた椀形模型の展開図と折紙模型で，ここでは外に襞を設け襞の上部を折り返して形を保持している．図 3.2(m)に示すように外に襞を設ける模型では図 3.2(j)で設けた襞を作る半径方向の谷-山-谷折り線から片側の谷折り線を削除できることを示したものである．

3.2 古典幾何学の多面体模型のデザイン

　古典幾何学で知られる 5 種類のプラトンの正多面体[25]とそれらの代表的な展開図を示したものが図 3.3(a)〜(j)である．このような展開図を糊付けして作られる折紙模型は凸の多面体であるから安定な構造で，もちろん折り畳むことはできない．ここでは，これらの正多面体の折り畳み模型を対称 2 枚貼り手法でデザインする．本手法は対称な展開図を貼り合わせることを基にするから，これらの多面体の対称面を探すことが最初の仕事になる．図 3.4 にこれらの正多面体の対称面を薄墨で，対応する展開図と折紙模型を示す．展開図中の白抜き部が多面体の面になり，薄墨部が前節で述べた糊付け(拘束)をしない部分で，この部分は多面体の内部に押し込むものとする．展開図は中央の垂直線で左右対称で，この線で折り返した後，糊しろ部を貼り合わせて立体化する．作られた模型は平面の折り畳み状態と立体の間を自由に行き来できる．このような折紙模型は展開図と作られる形状が同時に示せるなど教育的な効果も期待できる．

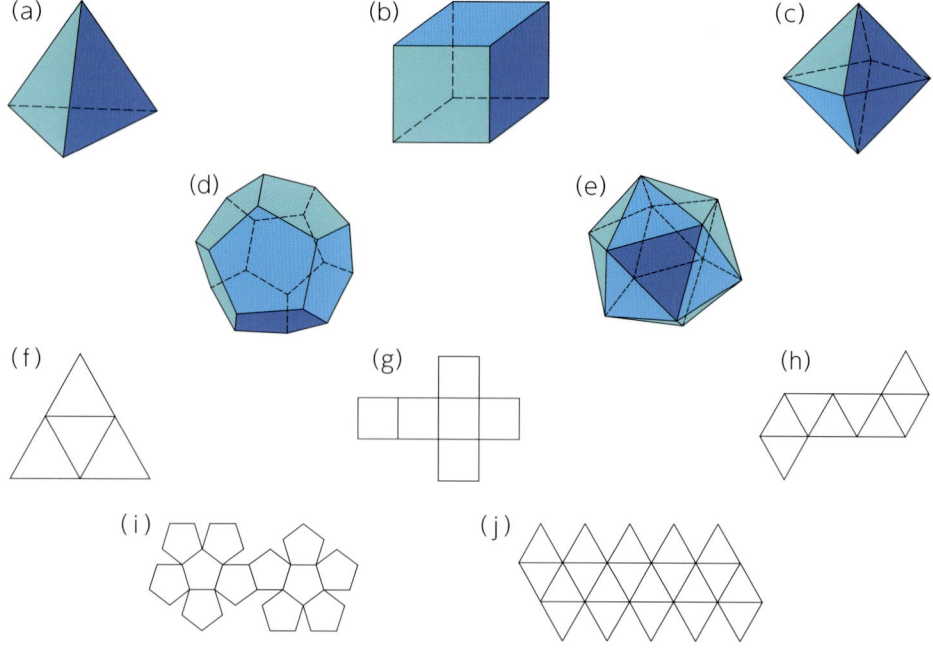

図3.3 　(a)〜(d) 5種類の正多面体(順に，正4面体，正6面体(立方体)，正8, 12, 20面体)，(f)〜(j)それらの代表的な展開図

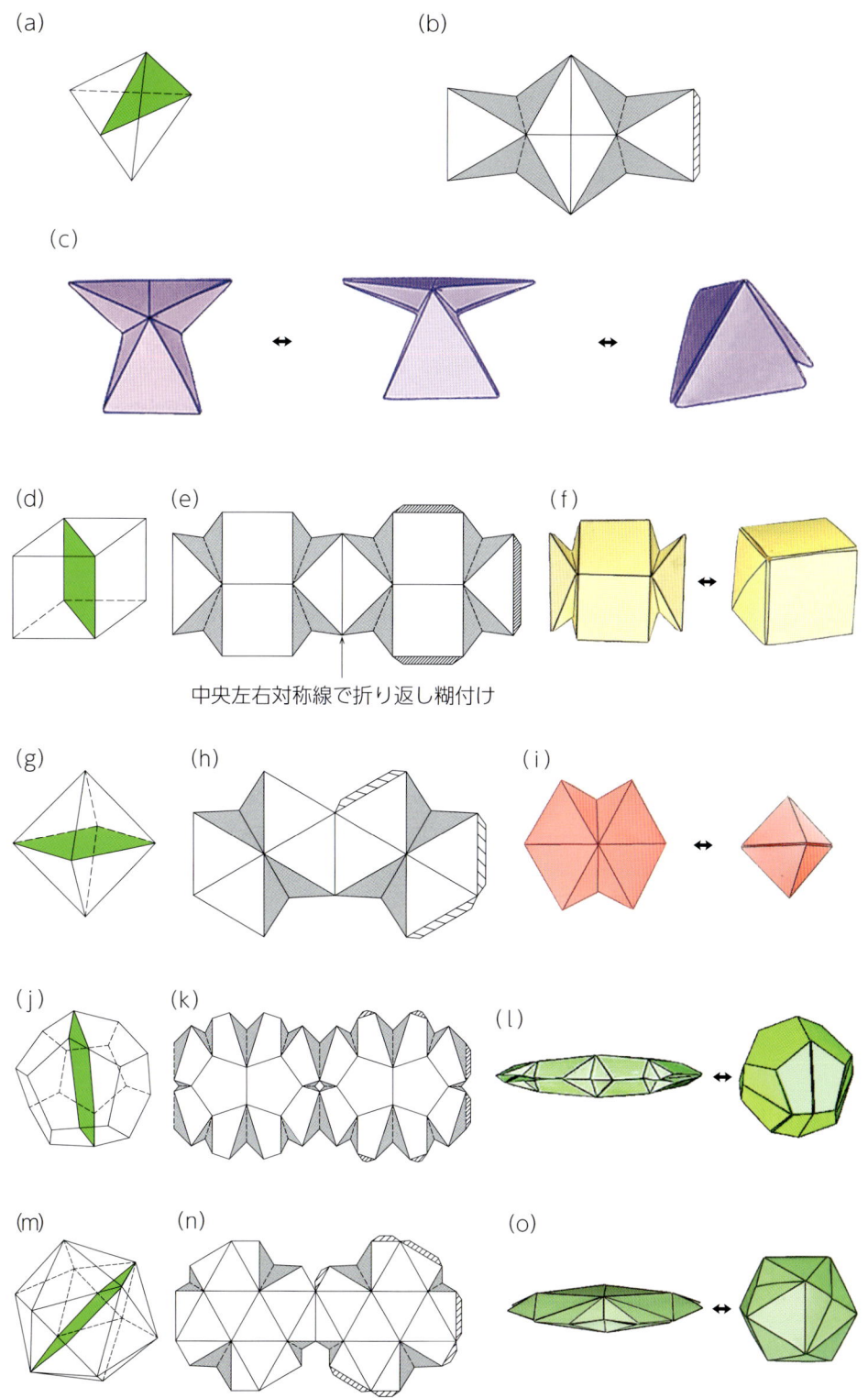

図3.4 対称2枚貼り法による5種類の正多面体，左から，薄墨で示された多面体の対称面，対応する展開図とそれらの折紙模型（各正多面体の対称面が展開図の中央の対称軸になる）

正3角形，正方形，正5角形および正6角形などの面で作られる準正多面体や菱形12面体[25]等を作ることができる[25]．このような多面体を2枚貼りで作る例を図3.5に示す．

　図3.5(a)(b)は[4,6,6]と名付けられたケルビンの14面体の展開図とその折紙模型で，その面は正方形6個と正6角形8個，合計14面構成されている．正方形の面4個は対称面で2分割，更に押し込みのため2分割され，結果，4個の正方形の面が4分割されている．なお，[4,6,6]は古典幾何学で多面体を表す際に用いられる記号で多面体のすべての頂点が正方形(4)，正6角形(6)および正6角形(6)の3つの面の集まりで構成されていることを示し，この4，6，6を並べたものである．図中の黒い部分は押し込みをスムーズに行うための楔状の切り抜き部である．模型は展開図の中央の垂直線で折り返し，展開図の左右を糊付けして作られる．

　図3.5(c)(d)は[3,4,3,4]と呼ばれる立方8面体の展開図と折紙模型である．図3.5(e)(f)は[3,5,3,5]と名付けられるサッカーボール様の略球体に対応するものであるが，ここでは対称面で多面体が対称になるよう正3角形と正6角形の配置を交換する修正をおこなっている．

　図3.5(g)(h)は対角線の長さの比が黄金比(約1.618)である面だけを12個集めて作られる菱形12面体の展開図とその折紙模型を示したものである．

　図3.5(i)(j)は対角線の長さが黄金比になる面30個で作られる菱形30面体の展開図と折紙模型を示したものである．これらの模型も畳まれた平面の状態と立体の間を容易に行き来できる．

　幾何学の本を参考にすると重要な多面体がほかにも数多くあり，これらの対称面を探して読者自身の模型を製作してほしい．また例示した以外の対称面があるので違う展開図での製作もトライしてほしい．

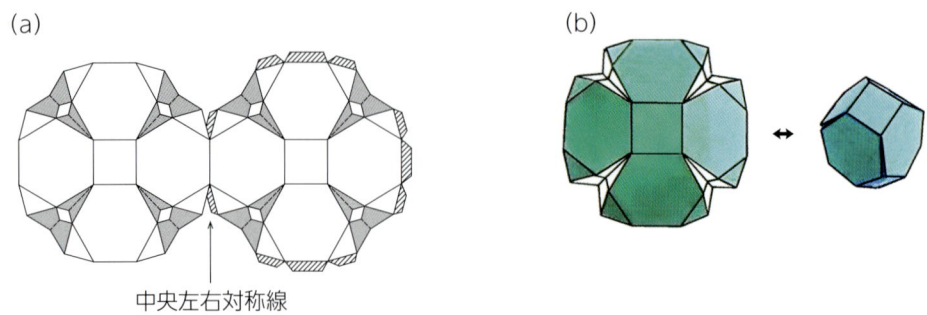

図3.5　平面(折り畳み)状態から立体化する多面体の例．
　　　(a)(b)ケルビンの14面体を貼り合わせて作る展開図とその折紙模型
　　　(中央の垂直の対称線で折り返し，左右を糊付け)

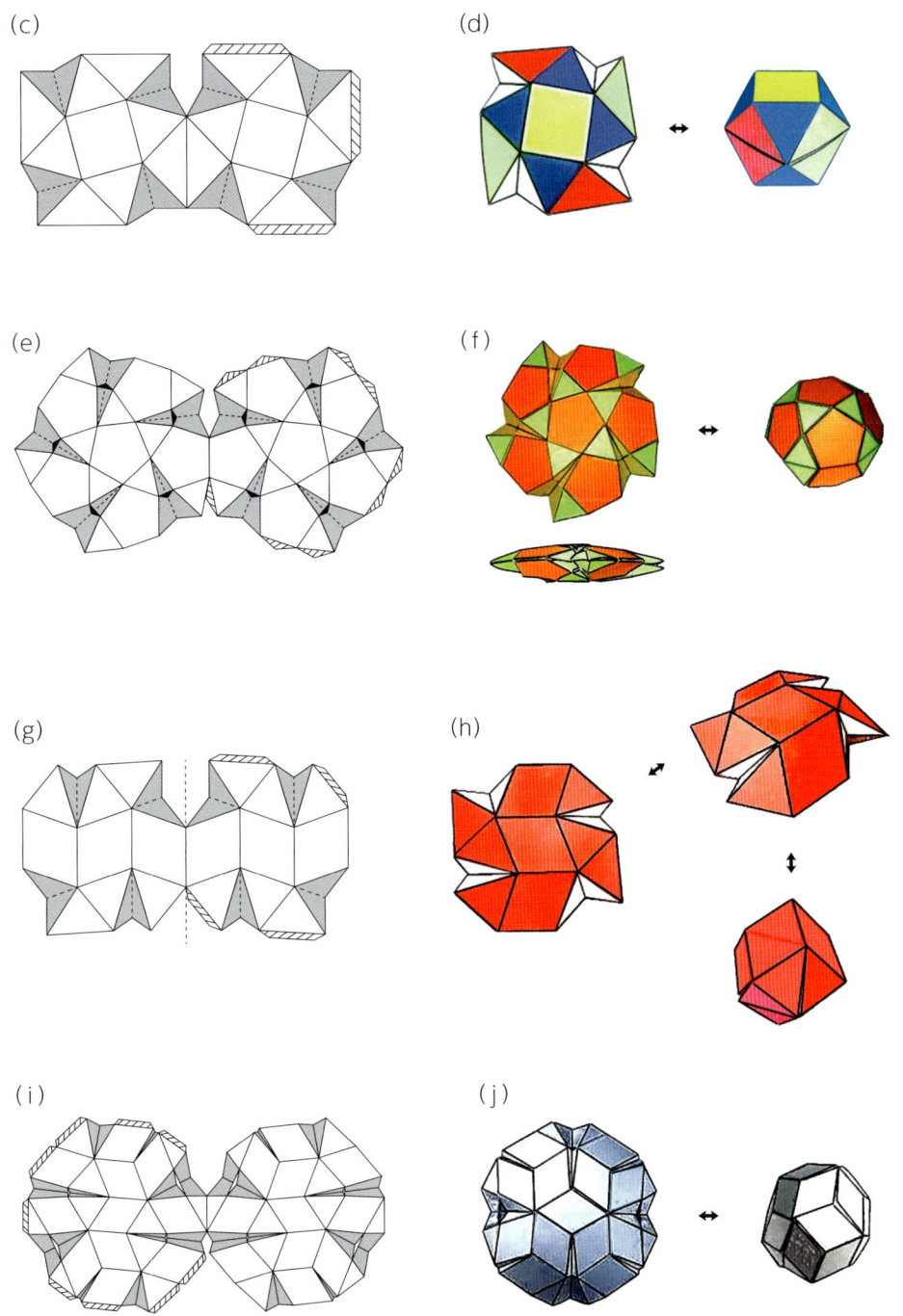

図3.5 平面(折り畳み)状態から立体化する多面体の例．
(続き)
(c)(d)立方8面体の展開図と折紙模型，
(e)(f)サッカーボール様の略球体([3,5,3,5]，(対称性を得るため正3角形と正6角形の配置を交換する修正を行っている)，
(g)(h)菱形12面体の展開図と折紙模型，
(i)(j)菱形30面体の展開図と折紙模型

3.3 ものづくりの模型

　前節の幾何学模型の展開図に手を加えることによって種々の目的に応じた実用的な製品を作ることができると考える．図3.6(a)は図3.5(c)の正方形をそのままにして直角3角形の部分を正3角形に置き換えたもの，図3.6(c)は図3.6(a)の正方形を正6角形にしたものである．これらは各々古典幾何学の正4角反柱および正6角反柱[25]を2個積み上げたもので，折紙模型の上面に穴をあけて容器を作ったものである(図3.6(b)(d))．図3.6(e)は図3.6(a)の正3角形を縦長の2等辺3角形にしたもの，図3.6(g)(h)は立方体の上下面に平行な面を対称面にして，この面で等分に切断して貼り合わせた場合の展開図とその折紙模型である．上面を切り開いて，蓋にするなどの機能を付与すると折り畳み可能な通い箱などの製作に応用できると考えている．

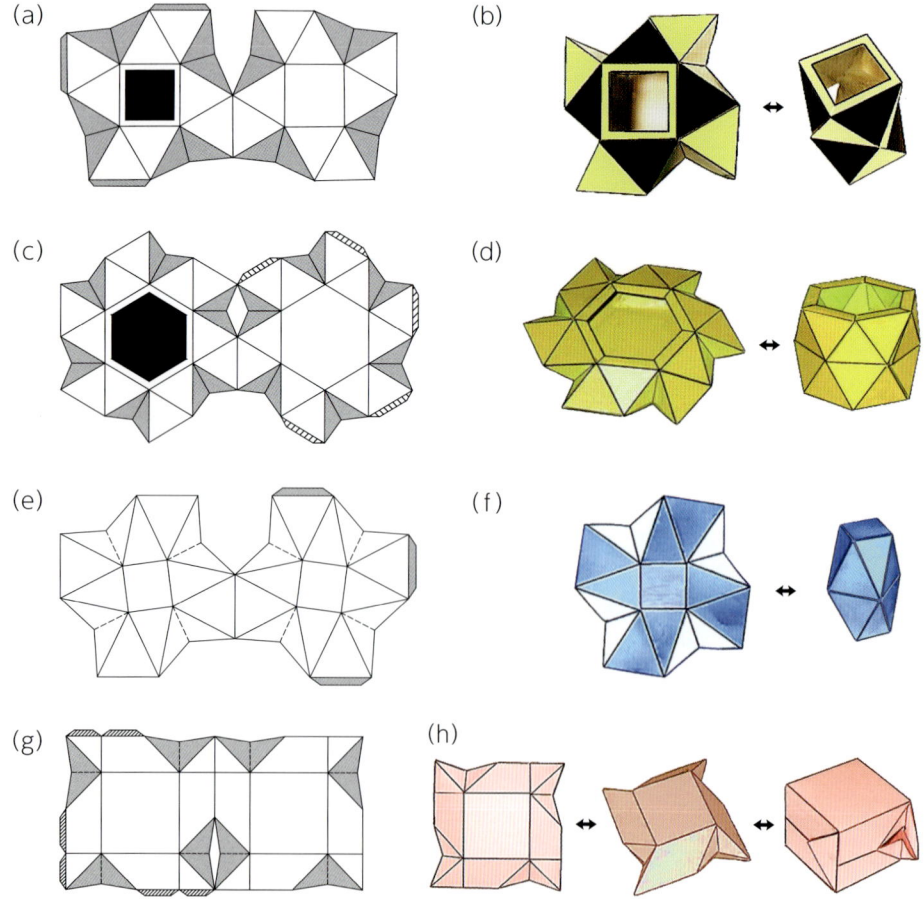

図3.6　ものづくりの模型，
　　　(a)～(d) 古典幾何学の正4角反柱および正6角反柱を2個積み上げた折紙模型，
　　　(e) 図(a)の正3角形を縦長の2等辺3角形にした展開図と折紙模型，
　　　(g)(h) 立方体を表面に平行な面で等分割した面を対称面にした展開図と模型

3.4 半径方向に収縮させて折り畳む円形膜の2枚貼り合わせ模型

前2節では周辺部を部分的に貼り合わせて立体化し，元の平面（展開図）との間を行き来する最も基本的な模型を示した．ここでは図 1.1(c)で模式的に示した半径方向と円周方向の両方向に収縮させる対称2枚貼り模型について述べる．最終的な目的は，球状の薄い膜構造を小さく折り畳んで効率よく膨張・展開できる巨大な宇宙構造を作る際の基本模型を開発することにある．

円形状の薄いシートや紙の周辺境界をすべて貼り合わせて中心部を持ち上げ膨張する立体の展開図を作ろうとするとき，最初に遭遇する問題はジグザグに折られる周辺境界を瑕疵なく接合できる展開図を作成することにある．これに最も適したものは，図 3.7(a)に示すように半径方向と円周方向に収縮させながら積み重ねるようにして元の平面上に平坦に折り畳める ねじり折りを用いた手法である．この手法は周辺境界の貼り合わせが容易であり，かつ貼り合わせ後の立体化が最もスムーズであると考えられる．この目的に合った折り畳みモデルはLang[26]および著者により開発されている[14-16]．

図 3.7(b)はLangによるもので，その展開図は以下のように作られる．中央に任意の形状の凸の多角形（ハブと呼ぶ）を設け，ハブの各辺を一辺とする平行4辺形（頂角α）をハブのすべての辺に張り付ける．その結果，ハブの周囲は平行4辺形と2等辺3角形で埋められる．

次に作られた2等辺3角形の底辺の長さを一辺とする平行4辺形（もう一辺の長さは自由，頂角αとβ）を逆向きに貼り付ける．この同じ頂角αを持つ平行4辺形を貼り付ける作業を繰り返し行う．図 3.7(c)は図の一部を取り出したもので，すべての平行4辺形の尖った頂角は同じであるから，全ての接合点（節点）で折り畳むための（補角）条件が成り立っており，展開図は紙面上に平坦に折り畳ま

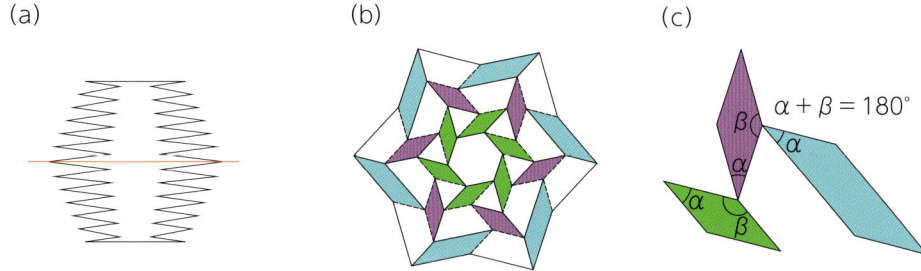

図3.7 半径方向と円周方向に収縮，積み重ねるように平坦に折り畳む方法を用いた展開の可能な立体のデザイン法．
(a)概念図，片面ずつ製作し周辺部貼り付け，
(b)Lang模型；任意形状の凸の多角形（ハブ）の周りに頂角が同じ平行4辺形を配置，
(c)同じ頂角の平行4辺形の配置がもたらす平坦折り条件の自動的な達成

れる．図 3.7(d)(e)にこの方法による展開図の例を示す．図 3.7(f)〜(h)は図 3.7(e)の展開図の模型を折り畳んだときの上面の様子，2枚を貼り合わせる前後の様子を各々示したものである．上で述べたLangの平行4辺形貼り付け法（著者自身による簡便な命名である）は任意の凸の多角形のハブからスタートできる極めてスマートで，かつ簡単明瞭なものであるため，デザインが容易で応用の範囲は極めて広いと思われる．

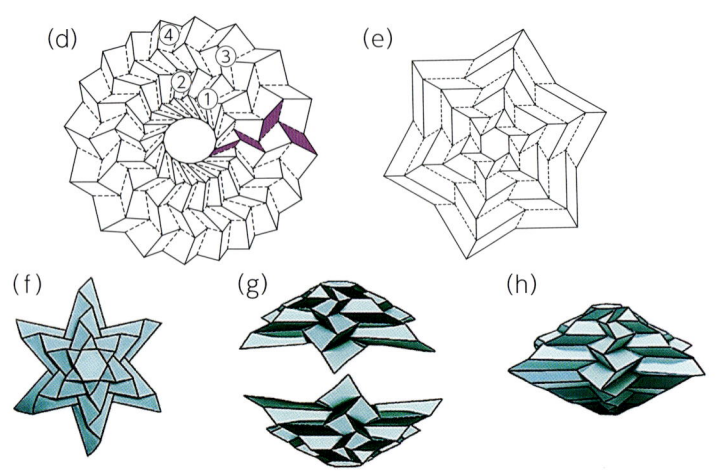

図3.7 (d)(e)Lang模型の例，
(続き) (f)〜(h)展開図(e)の折り畳み，周辺を接合後，立体化（この状態まで展開可）

次に著者の方法を述べる．図 3.8(a)は正12角形で近似した円環紙に「平行な山，谷折り線の対」を12個設けたもので，これを折ると図 3.8(b)のように平行の山，谷折り線が相殺して円形を保って収縮しながら平坦に折り畳まれる．中央に正9角形のハブを設け，等辺台形をハブの周りに配置した展開図が図 3.8(c)，この図中の一つの等辺台形を拡大したものが図 3.8(d)である．コーナー A からジグザグの折り線(AEFGH)を台形の等辺に平行にジグザグ形で引く．図 3.8(c)にはこの平行な谷折り線が設けられているため，図 3.8(a)と(b)から分かるようにこの展開図は図 3.8(e)から図 3.8(f)，(g)のように折り畳まれる．図 3.8(g)の裏面の様子（下図）からも分かるように中心部まで各段隙間なく窮屈に折り畳まれている．そのため，展開させることが極めて困難である．これは半径方向の山折り線が直線であることに因る．

鏡面則を用いて描いた半径方向のジグザグの折り線を交互に山，谷折り線として用い円形膜を折り畳む図 3.8(h)の展開図[9]に手を加えて上述の問題を解決する．この展開図は図 3.8(i)のように中心部に巻きつく形で折り畳まれ，このとき周辺部が上下に振れるため，2枚貼り合わせを行うことができない．これを基本の折り線図とし，これと上述の「山，谷折り線を平行な対にする手法」とを組み

合わせる．基本の折り線図の半径方向の谷折り線を取り去り，山折り線のみを示したものが図 3.8(j) である．これに点線で表した谷折り線(IJK)をこの展開図の山折り線(ACG)に平行に追加すると図 3.8(k) が得られる．ここで，谷折り線の描画は中心のハブのコーナーから行っている．この展開図を折ると図 3.8(l)を経て図 3.8(m)のように折り畳まれる．図に見られるように，中心部分に大きな

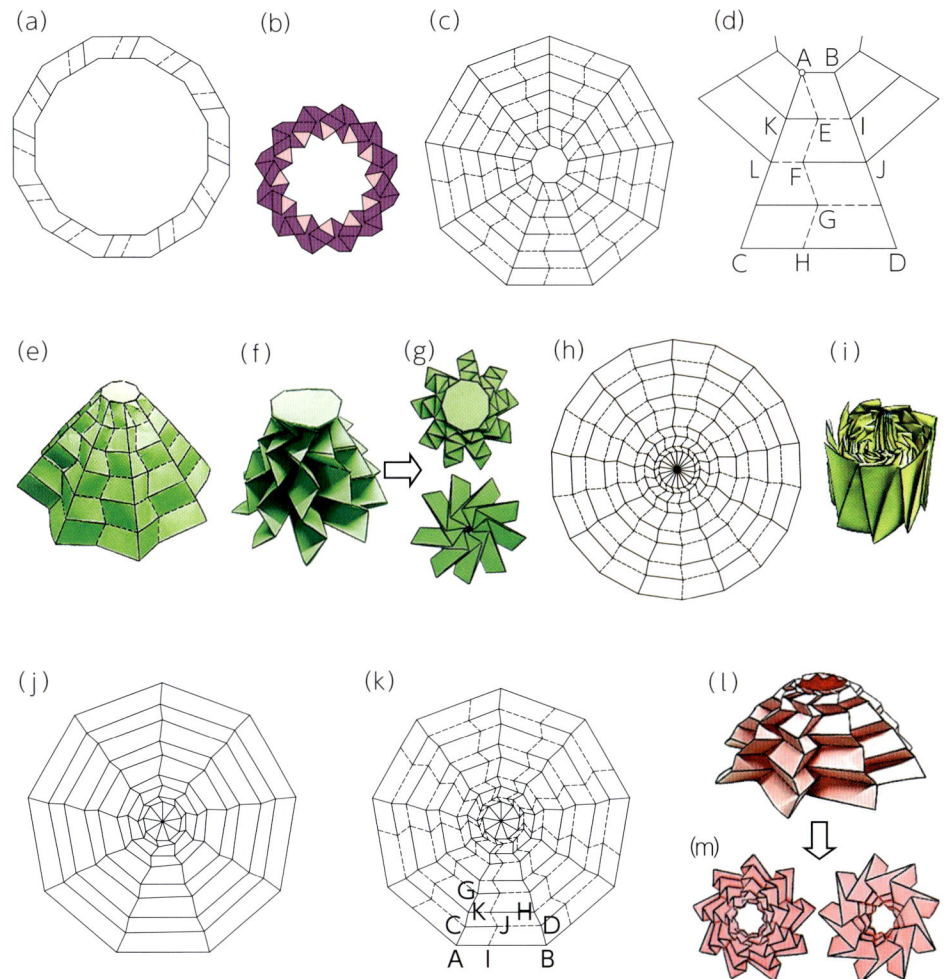

図3.8 (a)(b) 平行な山，谷折り線の対を設けた展開図とその折り畳み，
 (c)(d) 中央のハブの周りに直線の山折り線を等分配，ジグザグの谷折り線を台形の等辺に平行に設けた展開図とその拡大図，
 (e)～(g) 模型の折り畳みの様子（展開が容易でない折り畳み），
 (h)(i) 半径方向のジグザグの折り線で円形膜を折り畳む展開図と模型（円周境界が上下にジグザグするため2枚の貼り合わせ不可），
 (j)(k) 図(h)から半径方向の谷折り線を除去した展開図とこれに山折り線に平行なジグザグの谷折り線を付与した展開図，
 (l)(m) 折紙模型の折り畳みの様子（展開能の改善）

穴をあけて折り畳まれ，要素同士の咬み込みが弱いものになっている．この折り畳みの余裕が，折り畳み状態から広げる（展開する）際の容易な動作をもたらす．

　2枚貼りで曲面形状を作るとき，Langのモデルでは面が凸凹するが，著者のモデルではよりスムーズな面の設計ができる．すなわち，前者は造形的な面白さ，後者は工学的応用のような実利的な点に優れていると考えている．上述のように円形の紙や膜をその面内で小さく収縮させて折るためには円周状に平行な山，谷折り線を対にして設けることが最も簡単な方法であり肝でもある．Langの平行4辺形貼り付け法でもそうなっていることを図3.7(d)(e)で再確認してほしい．

折り畳みのできる半球および球形状膜の設計への応用

　円形膜を半径方向に収縮させて元の平面上に上から折り畳む上述の方法を応用して，薄膜の球を軸方向に折り畳む方法を考える．図3.9(a)の側面図に示すように球を水平面で輪切りして円錐形の繋ぎ合わせで球を近似する．輪切りして得られた環状の帯を切り開けると，図3.9(b)のような要素と呼ぶ扇形状の短冊が得られる（図3.9(a)のように等角度で引いた放射線が円と交わる点を通る水平面で輪切りすると得られる扇型要素の半径方向の幅が等しい）．この要素を図3.9(b)のように半径方向と角度ϕをなす線分でN個に等分割し，得られるゆがんだ台形を小要素とする．1段毎に逆方向にN等分して得たこの小要素を積み重ねてゆくと，図3.9(c)のような地球儀を作るとき用いられる舟形図形のジグザグ版が作られる．このジグザグの舟形図形に中心から谷折り線を導入する（図3.8(k)参照）．この谷折り線は扇形の図3.9(b)の中心角度Θが各段で異なるためそれを勘案して異なる角度で描かねばならない．これを考慮して得られた谷折り線を舟形要素に描いたものが図3.9(d)である．この谷折り線入りの舟形要素を12個円周状に配置すると，地球儀の北半球だけを作る展開図，図3.9(e)が得られる．ジグザグの境界を糊付けして作られた半球模型と折り畳みの様子を図3.9(f)(g)に，これを対称に2枚貼り合わせて作られた全球模型とその折り畳んだ様子を図3.9(h)(i)に示す．これらの模型は図のように半径方向に収縮しながら高さ方向に平坦に折り畳まれている．この球状膜の設計法は著者により10年ほど前に考案・報告されたが[14,15]，これに代わる球状膜の折り畳み法は未だ報告されていない現状にある．図3.9(d)の折り畳み条件を満たす谷折り線の算出方法はいささか専門的であるため，詳細に記述した最近の著作論文[16]を参照してほしい．

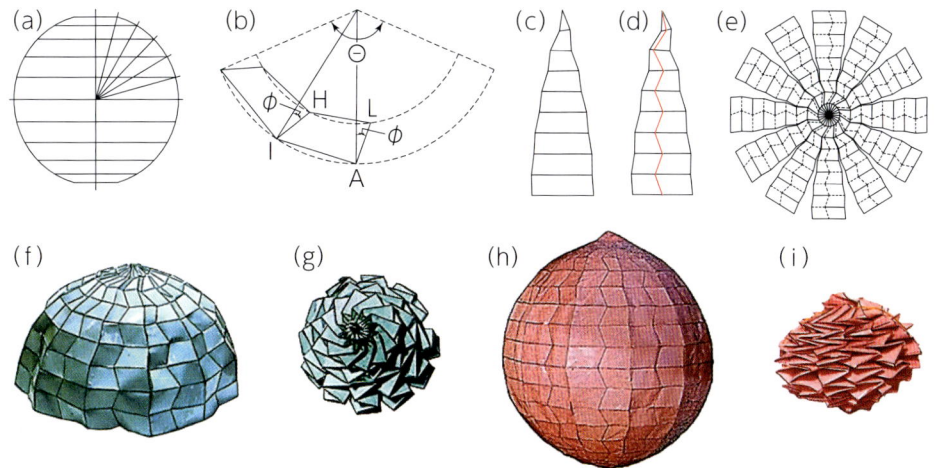

図3-9 (a)(b),球状膜を水平面で輪切りする模式図と得られる扇形の要素,扇形要素を半径方向と角度φの線分でN等分割,
(c)等分割で得られたゆがんだ台形を1段毎に逆方向に積み重ねて得た舟形図形,
(d)中心から扇形の中心角度Θを勘案して定められたジグザグの谷折り(赤)線付きの舟形図形,
(e)半球の展開図,製作した折紙模型と折り畳みの様子,
(h)図(e)を2枚貼りして得られる全球模型とその折り畳みの様子

3.5 簡便に折り畳める筒構造

図 3.10 に示すように多角形や円筒状の筒を折り畳む方法は大まかに軸方向に折り畳む方法と押しつぶすように折り畳むものに分類できる.底や上蓋のある多角形の筒を図 3.10(a)のように折り畳む方法は著者により系統的にモデル化され[2],ランプシェード等で実用化された[24].図 3.10(b)のように貫通した底のない細長い筒は半径方向に押し潰し,ジグザグ折りすることができる.ここでは,これを2枚の紙の貼り合わせで筒が作られていると考え,平面紙の折り畳みの手法で処理できる対称2枚貼り合わせ法でこの筒を作る.この貼り合わせ法で作られる管状の筒は4あるいは6角形に限られるが,押し潰しと折り曲げが連動して折り畳まれるため極めて効率的かつ簡便である.それゆえ,製品作りの際にはその有用性を発揮すると期待される.

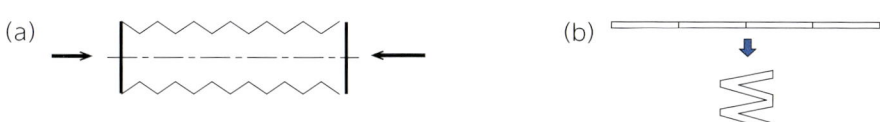

図3.10 筒の折り畳み法,
(a)軸方向への折り畳み(底ありの場合),
(b)細長い筒を平坦に潰して折り畳み(底による拘束がない場合)

図 3-11(a)の平面折りの基本図を折ると図 3.11(b)のように折られ，その上面図は図 3.11(c)のようになる．これを図 3.11(d)のように対称に 2 枚配置し左右端を図 3.11(e)のような蝶番の機能を持つ折り線図を作り，上下を繋いで軸方向に折り畳みのできる筒をデザインする．これをここでは縫い合わせ蝶番モデルと呼ぶ．この筒は半径方向から押し付けると元の平坦な 2 枚の紙になり，軸方向に押し付けると筒状で折り畳まれる．すなわち 2 方向に折り畳まれる．繋ぎ部となる蝶番の部分の作り方で以下の 2 つに分類する．

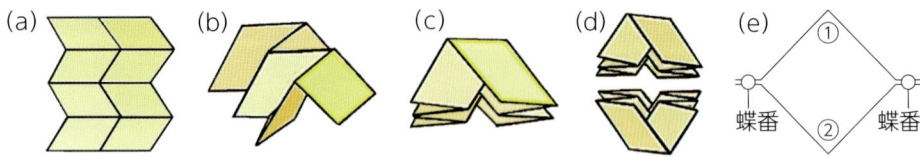

図3.11 (a)〜(c)平面折りの展開図と折り畳みの様子，
(d)折紙模型(c)を対称に配置しこれを蝶番(e)のように作動する折紙の展開図を作り上下を連結

(a) 二重蝶番法

図 3.12(a)に示すように短冊を 2 つ折りにして，中央で 120°，両端で 60° 逆方向に折り曲げる．これで短冊には図 3.12(b)のような折り線が入る．これを横に並べると筒の一段分の展開図を得る．数段分を縦方向に並べたものが図 3.12(c)で，中央の垂直線で折り返して筒にする(蝶番部を縫い目と表記)．図 3.12(d)に示す中央の折り線の対が蝶番と呼ぶ折り線図で，筒にしたとき左右端が合体してもう一つの蝶番が作られる．蝶番部分が鉛直方向のジグザグの折線 2 本でできているため二重蝶番と呼ぶ．三浦と舘はこの方法を報告している．

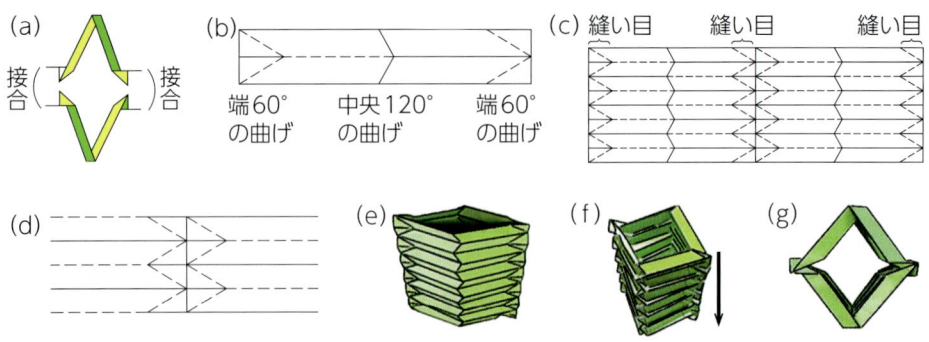

図3.12 二重蝶番法による円筒の 2 方向への収納 (三浦－舘の方法[27,28])，
(a)〜(d)折り曲げによる折り線の導入による展開図の作成法と中央の蝶番の形状，
(e)〜(g)軸方向に平坦に折り畳まれた(貼り付け時の)状態から半径方向に折り畳まれる状態までの形状の変化の様子

(b) 単一蝶番法

図 3-13(a)は著者が提案した蝶番部分のジグザグを 1 本に簡素化したもので，単一蝶番法と呼ぶ展開図の例である．ここでは，直角 2 等辺 3 角形を 2 個繋ぎ合わせて正方形を作るため 90°の折り曲げを 4 ヵ所設けたものである．図 3.13(b)は中央の蝶番部の折り返しの様子を示したもので，垂直線で 180°折り曲げ，左のジグザグの谷折り線で 90°折り返すことを示したものである．図 3.13(c)〜(e)はこの展開図による折紙模型の様子と 2 方向に折り畳んだ状態を示したものである．この蝶番法では蝶番部で直接折り返されているため，図 3.13(c)の矢印に示す 3 角形部分は一体化して常に接触して動く．図 3.13(e)の上面図の接合部分の内側に「凹み」がないことがこれに対応する(図 3.12(g)の接合部分と比較参照)．すなわち，プラスチックなどで成形するときには図 3.13(a)の薄墨の菱形部分は不要で取り除くことができる．図 3.13(f)〜(i)に 6 角形の筒を作る場合の展開図と折紙模型を折り畳む様子を示す．展開図は 60°で 3 回折り曲げた短冊を 2 枚貼り合わせたものを基本にしている．中央の蝶番と左右端を合体して作られる蝶番の糊付け部が省かれている．

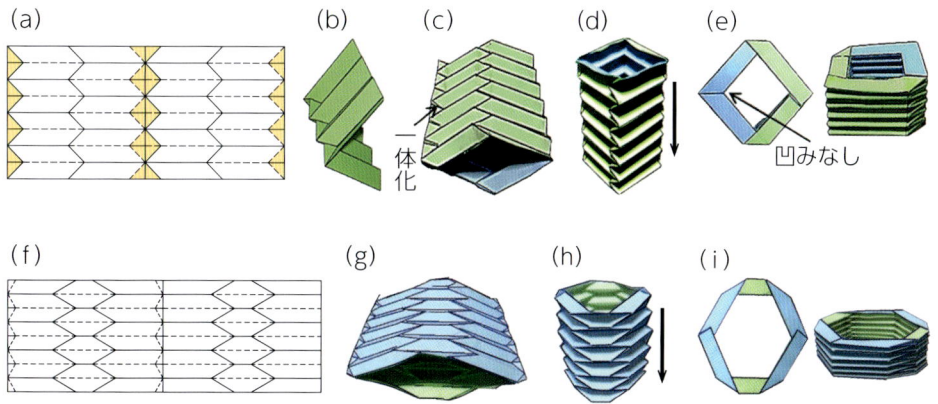

図3.13 単一蝶番による4角筒の折り畳みモデル[1,29]，
(a) 90°で4回(合計360°)折り曲げた展開図，薄墨部糊付け，
(b) 中央の蝶番部を作るため180°で折り曲げ，90°で折り返す様子，
(c)〜(e) 2方向((c)と(e))の折り畳みの様子，
(f)〜(i) 60°で6回(合計360°)折り曲げて作られる6角形モデルの展開図，折紙模型と2方向の折り畳みの様子((g)と(i))

3.6 単一蝶番法よる簡易折り畳み可能な長尺の筒

上で述べた正方形に折り畳む模型の辺の長さを変えてみる．図 3.14(a)は図 3.13(a)の 1 段のみを示す展開図で，①〜③は各々上端，中央，下端を表すものとする．この短冊を折ると図 3.14(b)のような「く」の字形の筒模型が得られる．

折り畳むと図3.14(c)，(d)に示すように，上端と下端は同じ位置に，中央部は上下端から少しだけ右にずれた位置にくる．段数を増やした図3.13(a)はこの「く」の字形を積み上げたものであるから，図3.13(c)のように短冊を折り曲げて作った正方形を積み上げたように見える．辺の長さを短く，すなわち筒の形を小さくしてゆくと，図3.14(e)から(h)の展開図になり，図3.14(f)から(i)のように筒は相対的に縦長となる．このため，細長い筒では中央部分は上下端と離れた所で折り畳まれる(図3.14(j))．これは図3.10(b)で示した筒のジグザグ折りの形である．以下ではこれに基づき長尺の筒のジグザグ折りによる簡易な折り畳みを考える．

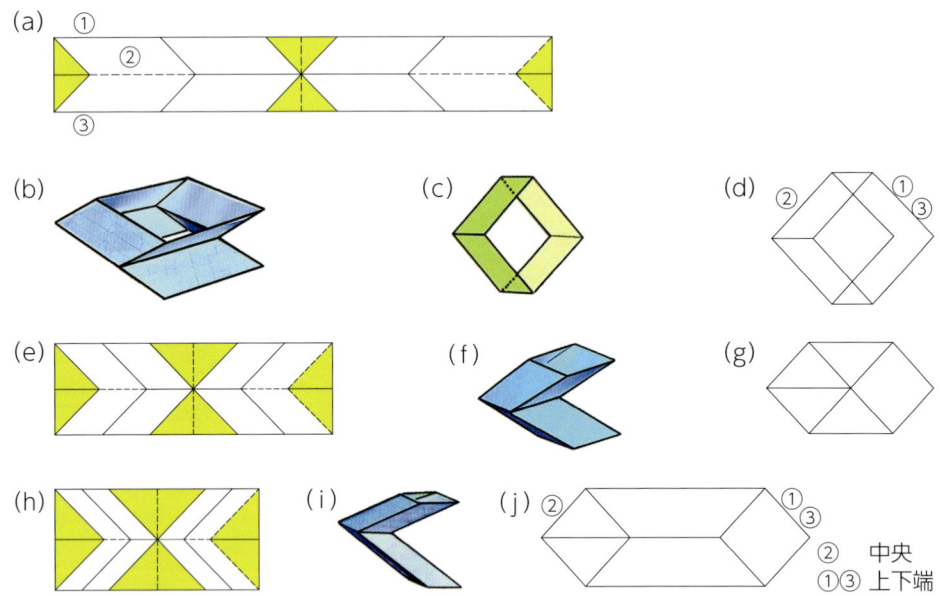

図3.14 筒の径と長さ比による折り畳みの様子の違い，
 (a) 図3.13(a)の1段のみの展開図(①③；上下端，②；中央)，
 (b)〜(d) 短い「く」の字形の筒模型，上，中央，下端の重なりで軸方向に折り畳んだように見える様子，
 (e)〜(j) 長い筒では上，中央，下端の離れで，ジグザグ状に折り畳まれるように見える様子

(a) 基本的な性質

図3.14(a)を鉛直方向に引き伸ばした図形を積み上げると図3.15(a)になる．この展開図の折り線は節点で折り畳み条件を満たし，かつ，対称2枚貼りの形であるから自動的に折り畳むことができる．すなわち，折り畳みの条件について何らの幾何学的な考察なしで折り畳み模型を作ることができる．展開図を図2.2(l)〜(n)の要領で中央の対称線で折り返し糊付けすると図3.15(b)の折紙模型

となる．正方形断面の筒を対角方向に押しつぶすと自然に折れ曲がり，一枚の短冊を折るように折り畳まれる優れた特性を示す．折り畳み後の折り畳み部での断面形は（正方形から）図 3.15（a）の垂直方向のジグザグの折り線のなす角度で決まる縦長の菱形になる（図 3.15（c））．図 3.15（d）に見るように，この角筒はどの方向から見てもジグザグ形であり，その形は図 3.15（e）（f）に示すように4角筒を斜め方向に平行に切断し，逆方向に並べ変えたものである．実際，図 3.15（g）に示すように一段分を上の隅で切り開き，図のようにこれらを数段交互に並べると，図 3.15（h）の展開図になる．これは図 3.15（a）と（見掛けは異なるが）同じものである．この折り畳み模型の製作は極めて簡単で，この折り畳みの機構を理解・習得すれば誰もがより進化した折紙構造を自由に開発・デザインできるであろうと考える．

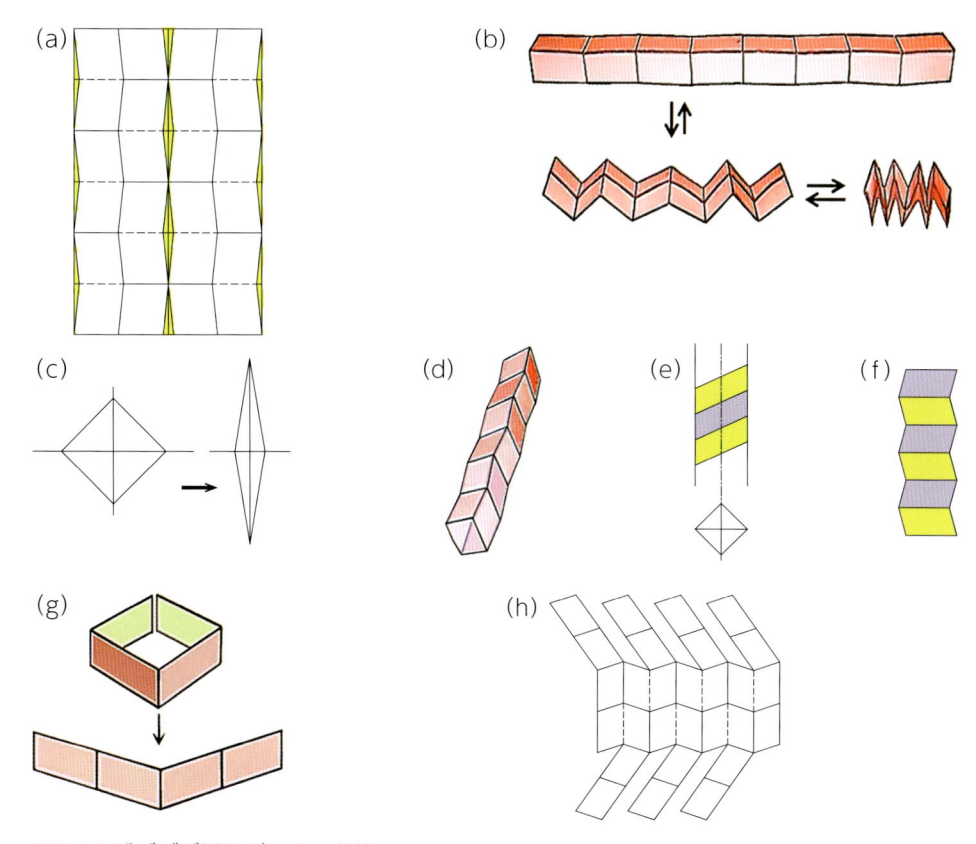

図3.15 ジグザグ折りができる角筒．
　　　　（a）展開図の中央の対称線で折り返して薄墨部を糊付け（内側に折り込んで糊付け，あるいは外側で糊付けの双方とも可能），
　　　　（b）（c）折紙模型と短冊のように折り畳む過程，
　　　　（d）どの方向から見てもジグザグ形の外観，
　　　　（e）～（h）角筒を（対角線方向に）平行に切断し，これらを交互に逆方向に積み上げて作られる筒と展開図の基本形

(b) 対称2枚貼り合わせ法の制約

上で述べた折り畳みモデルは図 3.16(a)〜(c)に示すように①対称に貼り合わせた2枚の紙を②垂直方向から押し潰すように折り畳むため，①②から生じる幾何学的な制約がある．最初の貼り合わせるための条件より，図 3.16(a)(b)のように寸法を与えると，A＋D＝B＋Cとなる．平坦に押し潰した状態の図 3.16(c)ではA＋B＝C＋Dでなければならない．この2つの関係式より「AとC，BとDが等しくなければならない」ことが分かる．これより図 3.16(e)のような任意の長方形断面形状の筒でもジグザグ折りができることが分かる．図 3.16(d)のように折り畳む場合には①A＋D＝B＋C，②A－D＝B－CよりA＝B，C＝D が導かれる．この形の折り畳みは後述の例で述べるように限られた条件のもとで可能である．

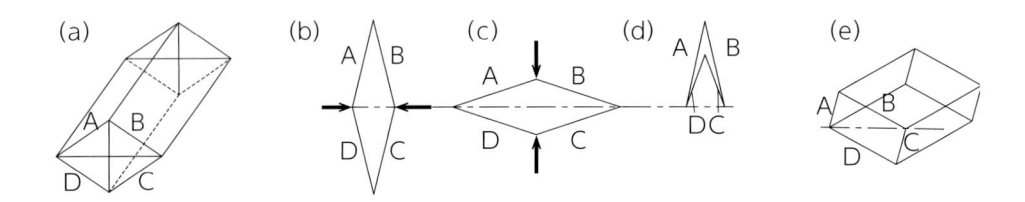

図3.16 (a)矩形断面の筒の外観，
(b)貼り合わせ時A＋D＝B＋C，
(c)折り畳み時A＋B＝C＋D，
(d)折り畳み時A＝B，C＝D，
(e)長方形断面の筒も折り畳み可能

(c) 対称貼り合わせ法の発展形

この対称 2 枚貼り法では基本的に正方形断面形状になる筒の設計に限られる．しかしながら，上述したように長方形断面の筒や，図 3.16(d)のように長さの違う場合も折り畳み可能な場合がある．また，展開図上で細工を施すことにより，折り畳み可能な筒の断面形状の種類を少し増やすことができる．以下にそのような例を述べる．

長方形断面の筒

正方形断面の筒の展開図(図 3.15(a))のジグザグの折り線を短冊の幅方向で不等分に分割し，貼りつける2枚の短冊を図3.17(a)のように配置すると折り畳み可能な長方形断面形状の筒の模型を作ることができる．この図は中央線で折り返す展開図，図3.17(b)は2枚貼りの展開図で，折紙モデルと折り畳みの様子を図3.17(c)に示す．極めて薄い筒を作る場合の展開図と模型，折り畳みの様子を図3.17(d)(e)に示す．

擬正 4 角形断面筒

　平面折りで水平方向のみならず鉛直方向の折り線もジグザグにして折り畳む方法がある．これを用いた展開図と折紙模型，折り畳みの様子を図 3.17 (f) 〜 (h) に示す．図 3.17 (i) (j) に示すように，展開図は 2 種類の平行 4 辺形要素で構成され，折り線 AB と AC の長さを等しくとってもそれらの高さ p と q は異なる（$p < q$）．そのため折り畳まれる際には図 3.17 (k) および (h) に示すように大きい平行 4 辺形を上にして「く」の字形に折られ，その後，2 つ折りされて平坦に折り畳まれる（図 3.17 (h)）．これは図 3.16 (d) の折り畳みに対応する．

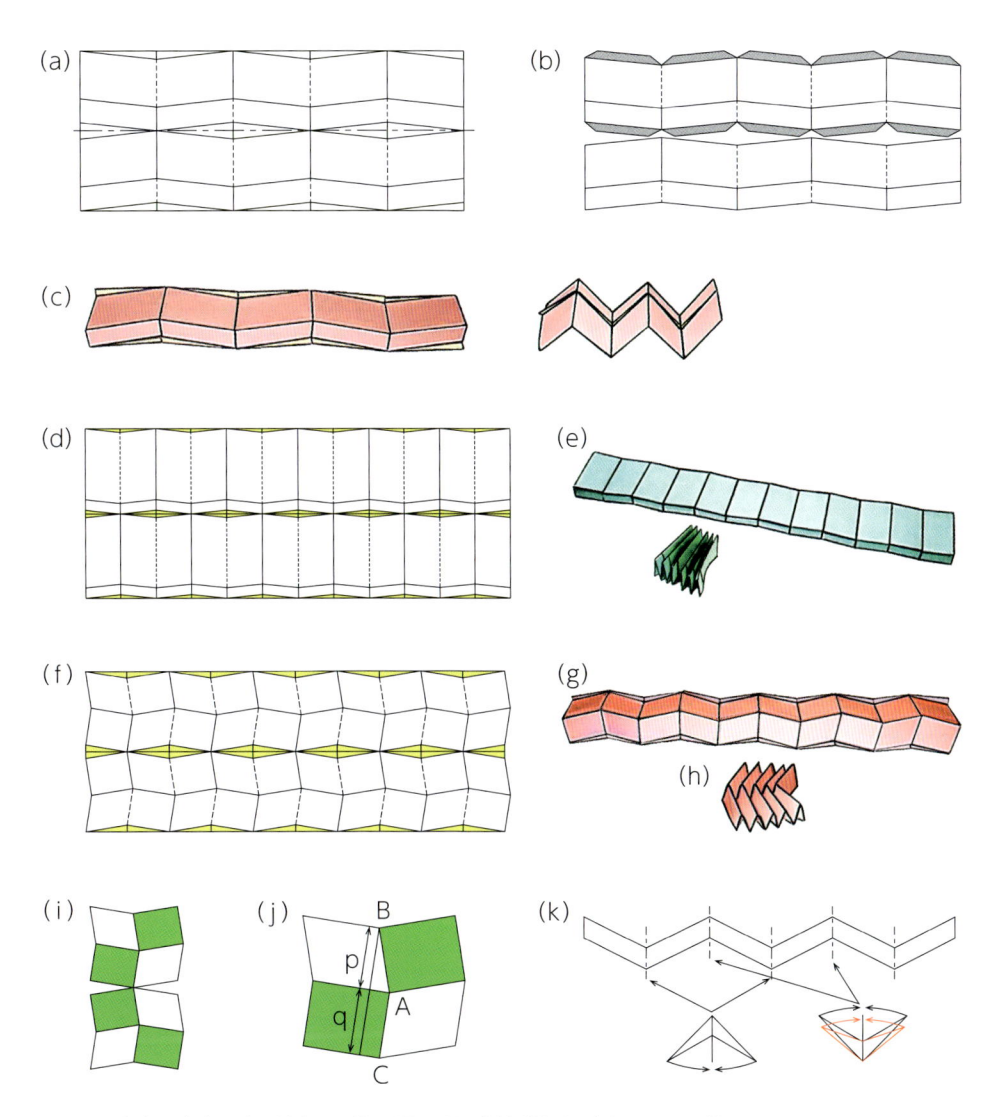

図 3.17　(a) 〜 (e) 長方形断面の筒の展開図，折紙模型と折り畳みの様子，
　　　　　(f) 〜 (h) 鉛直方向の折り線もジグザグにした平面折りを用いた擬正 4 角断面筒の展開図と折り畳みの様子，
　　　　　(i) 〜 (k)「く」の字形に折り畳まれることの説明図（$p < q$）

擬6角形断面筒

　図3.17(l)(m)は疑似的な6角形断面の筒を作る展開図とその模型を示す．この展開図は図3.17(a)の長方形断面の展開図に水平方向の折り線を付加したもので，図3.17(m)のように折り畳まれる．ここでは付加した折り線が蝶番のように作用し，正6角形断面を潰して長方形断面筒として最終的に折り畳まれている(図3.17(n)～(p))．

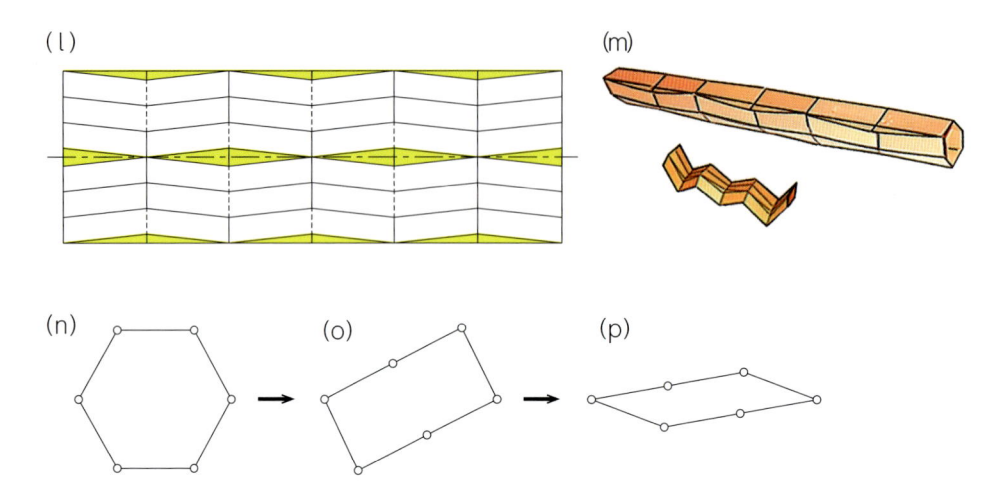

図3.17（l）～(p) 6角形断面筒の展開図と折り畳みの様子，およびその過程の模式図
　　　（続き）

第4章

対称2枚貼り合わせ折紙による応用構造

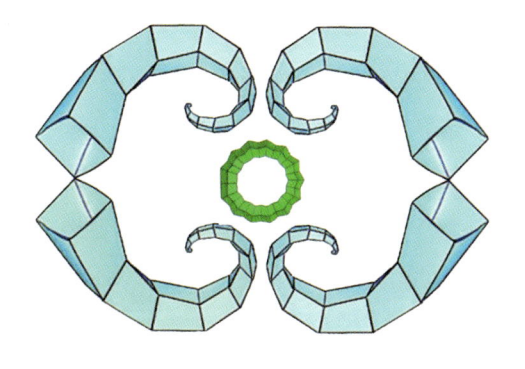

第4章　対称2枚貼り合わせ折紙による応用構造

　前章ではジグザグ状に折り畳みのできる一様太さの直線状の筒の製作法とその特性などについて述べた．ここではこれを基に湾曲する筒のジグザグの折り畳み法や巻き取って収納する方法，折り畳みのできる角錐状の筒のデザイン法について述べる．

4.1　折り畳みのできる任意形状の4角筒のデザイン法

　正方形断面の筒を対角の方向に斜めに切断すると，どのような角度で切断してもその切断面は机の上に隙間なく置かれる(図 4.1(a)(b))．すなわち切断で得られる4辺は常に同じ平面上にあり，4角形の筒の断面の形が押し潰される過程においても平面を保つ特性がなくなることはない．これは同じ角度で切断した矩形の筒を対称につないでも，筒は自由に変形することができることを示す．このことより，折り畳みのできる種々の形の筒を設計する際には，筒をあたかも一枚の短冊で置き換えたように考え簡便に取り扱うことができる．

　前章で述べたジグザグ状の(概略)直線的な筒は図 4.1(c)に示される左端と右端が平行な要素の繋ぎ合わせで作られる．円環状の筒は図 4.1(d)のような左端

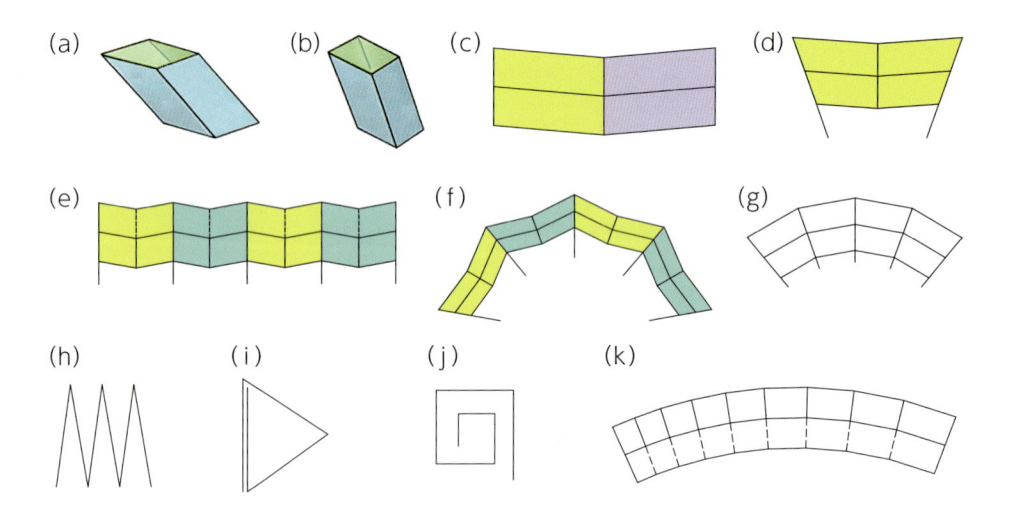

図4.1　(a)(b) 4角形の筒の対角方向の斜め切断による切断面の平面性の保持，
　　　　(c)〜(g) 切断面に平面性が保持される特性に基づき，角筒を短冊で置き換えて考察，
　　　　(e) 図(c)の繋ぎ合わせによるジグザグの直線モデル，
　　　　(f) 図(d)に基づくジグザグの環状モデル，
　　　　(g) 台形要素の繋ぎ合わせによる巻き取りモデル，
　　　　(h) ジグザグモデルの折り畳み様式，
　　　　(i)〜(k) 巻き取りの様式と展開図の例 ((k) 紙の厚みを考慮して巻き取り用に徐々に広くした折り線間隔)

と右端の傾きが異なる要素を繋ぎ合わせて作ることが出来る．これらの展開図を各々図4.1(e)と図4.1(f)に示す．台形状に切断した要素を同方向に接合しても円弧状になる(図4.1(g))．

図4.1(e)(f)のいずれの場合も基本的にジグザグ状であるから，図4.1(h)のように積み重なるように折り畳まれる．図4.1(g)のように同方向に曲がる場合には図4.1(i)(j)のように巻き取るように収納することになるが，折り線を等間隔に設けると紙の厚みなどの影響で巻き取りが困難になる．また，折り線間隔の配置は丸めながら巻き取るのか，完全に平坦に折り畳みながら巻き取るのかでも異なる．図4.1(k)は長手方向の折り線の間隔を徐々に大きくして巻き取る形で平坦に折り畳むものの展開図の例を示したものである．

4.2　任意形状の一様太さの筒

ここでは竹輪のように端を持つ閉じない筒とドーナツのような環状に閉じる筒に分類して述べる．筒が自ら閉じて端がなくなると変形の自由度が低減し，折り畳みの特性や機能が大きな影響を受けるためである．

(a)　湾曲する両端が自由に変形できる閉じない筒

図4.2(a)(b)は半円弧状の短冊を貼り合わせて作る折り畳み型の角筒の展開図，折紙模型とその折り畳みの様子である．図4.2(c)は円弧の一部を貼り合わせて作る巻き取り型の角筒の展開図で，図4.2(d)に示すように3角形状に巻き取ったり，あるいはほぼ平坦に折り畳むように巻き取ることが出来る．図4.2(a)の半円形の筒を繋ぎ合わせるとS字形のクランクの展開図になる．この展開図を

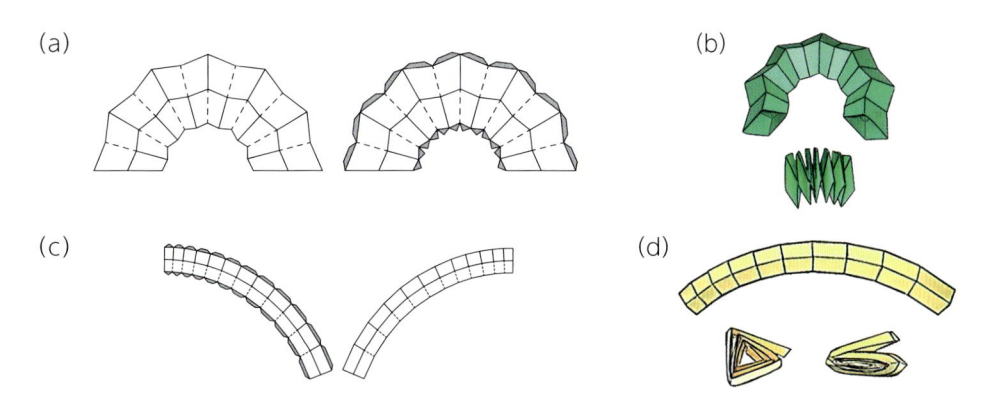

図4.2　(a)(b)半円弧状の角筒の展開図と折り畳みの様子，
　　　　(c)(d)円弧の一部を貼り合わせた巻き取り型の角筒の展開図と巻き取りあるいは巻き取り型の折り畳みの様子

図 4.2(e)に,その折紙模型と折り畳みの様子を図 4.2(f)に示す.この模型は両端からジグザグで平坦に折り畳むことができる.

図 4.2(g)は図 4.2(d)の模型を繋ぎ合わせたものであり,図 4.2(h)に示すように両端から巻き取る形で収納される.

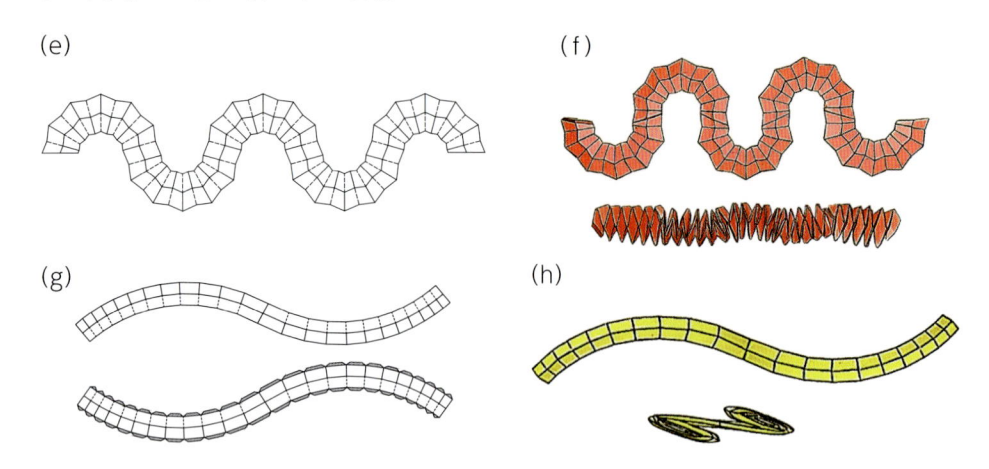

図4.2 (e)(f)S字形のクランク形状の筒の展開図,折紙模型と折り畳みの様子,
(続き) (g)(h)巻き取り収納される波形の筒(図(c)の模型を繋ぎ合わせ)と巻き取りの様子

上述したように筒を短冊や帯板に置き換えて設計する方法を用いると任意形状の筒を自由にデザインすることができる.この例として,市販の円形のグラフ用紙を用い,アルキメデスの螺旋形状の筒の模型をデザインする方法を簡単な6角形を基本にして述べる(図 4.3(a)).円の中心 O から 60°毎に設けた放射線でこの円を分割し,外周上の点 A の半径を 1 とする.反時計周りに点 B, C, D……を放射線上に定め,それらの半径を 0.9, 0.8, 0.7 のように等差的に小さく描く.これらの点を結んだものを中央線①とする.点 B, C……において∠ABC,∠BCD……を2等分する線分 IJ, KL を引く.これは折り線が対称になるようにするためである.これらの2等分線上に線分 AG, AH, BI, BJ, CK, CL の長さを等しくとって,点 G, H, I, J, K, L……を定める.点 G, I, K……および点 H, J, L……を連ねて得た螺旋②および③を内周と外周としたものを展開図とする.このようにして得た展開図の例を図 4.3(b)に示す.図 4.3(c)に示す折紙模型は図 4.3(d)のように4角形形状で巻き取られて収納される.

次に,より一般的な例として図 4.3(e)のような鉤形の筒を考える.ここでは,右端の点 A から点 E までジグザグ状に,この点から終点 K まで同方向に曲げた中心線①が描かれている.外側の境界線②と③は①と平行に描かれており,これらの境界線は,例えば,点 D では∠CDE を2等分する線分で折り曲げられている.これを2枚貼りする展開図を図 4.3(f)に示す.貼り合わせた状態の折紙模型(図

4.3(g))は断面が正方形の状態(図4.3(h))から(i)を経て上部が巻き取り型，下部が折り畳み型で折り畳まれる(図4.3(j))．

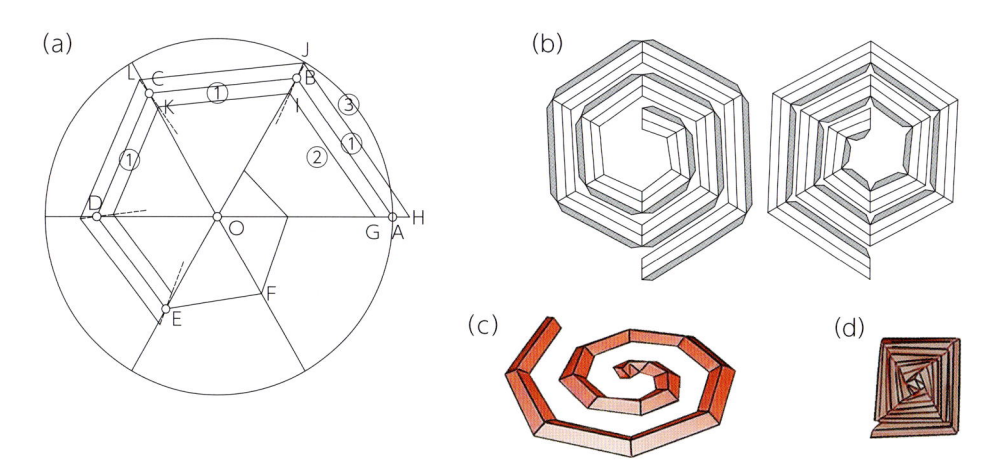

図4.3 (a)市販の円形のグラフ用紙によるアルキメデスの螺旋形状の筒の設計手順，例として6角形を基本，中央線①を描画後，左右に境界線②③を決定(AG = AH = BI = BJ = CK = CL……)，

(b)〜(d)アルキメデスの螺旋状の展開図の例，その折紙模型と巻き取り収納の状態

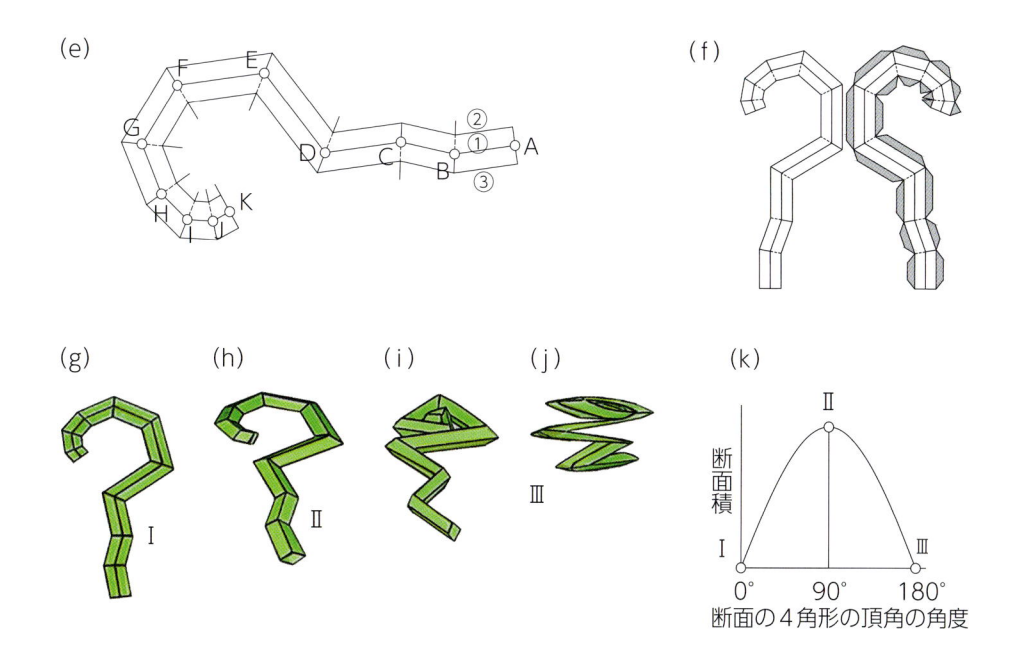

図4.3 (e)〜(j)鉤形の筒とその展開図，折紙模型の上部が巻き取り，下部がジグザグ形で折
(続き) り畳まれる様子，

(k)4辺形断面の筒の断面の角度の変化による断面積の変化

上の折り畳みの過程で矩形の管の断面積は変化する．この変化は図 4.3(k) のようなサイン曲線で表され，最初の貼り付けた状態では断面積は 0 (状態Ⅰ)，正方形のときに最大 (状態Ⅱ) になり，折り畳まれた状態で 0 (状態Ⅲ) になる．これより折り畳まれた状態あるいは巻き取りされた状態Ⅲで内部を加圧すると最大の断面積の状態Ⅱまで変化して立体になり，減圧で元にもどる．すなわち，正方形断面状態あるいは折り畳まれた状態で管の端を封じたプラスチック製品が成形できれば内部の減圧，あるいは加圧などで駆動できる機能を持つ大変形の可能な製品が作成できると考える．これについては次節以降で述べる種々の模型ついても同じことが言える．

(b)　ドーナツのように環状に閉じた筒

自由に変形できる端のない閉じた筒に折り畳みの機能を持たせるには自由端があるものと少し状況が異なり工夫を要する．最初，中心角が 300°の円弧を対称2 枚貼りでドーナツ状の角筒を作る場合を考える．30°の要素を 10 個繋いでジグザグとした展開図を図 4.4(a) に示す．図 4.4(b) のように貼り付け後，厚み方向に膨らましながら左右端を差し込むように接合すると，幾何学的な拘束から膨張する時には安定な構造 (図 4.4(c)) になるが容易に図 4.4(d) のように折り畳まれて小さく収納される折紙模型が作られる．

図 4.4(e) は上の円環状の筒の内径を 0 にした模型を作る展開図である．ここでは半径の 1/2 の大きさの環状の山折り線を設け，この折り線で扇形が作る円錐を折り返している．最初，図 4.4(e) を貼り合わせたものを図 4.4(f) のように平坦に折り畳み，これを円周方向に広げてゆくと，円環が最も収縮した状態を示す図 4.4(g) に変化させることができる．これを上から押し付けると大きな抵抗もなく図 4.4(h) へと形を変える．この形は幾何学的な拘束で定まり，押しつけに対しては安定な構造である．

筒を 2 重の環状に並べるものや 3 重の折紙模型などが同じようにデザインできる．これらの展開図と折紙模型，折り畳みの様子を図 4.4(i)〜(l) に各々示す．このような模型も膨らませた時は安定で半径方向に収縮させて収納することができる．

図 4.4(m)〜(p) のように円弧と直線の筒を繋ぐと概略楕円形の折紙模型や多重にした模型を作ることができる．また，円弧を部分的に反対方向に用いることで，ひょうたん形や 5 弁花のように変った形の模型をデザインすることも極めて簡単である．このような例を図 4.4(q)〜(t) に示す．

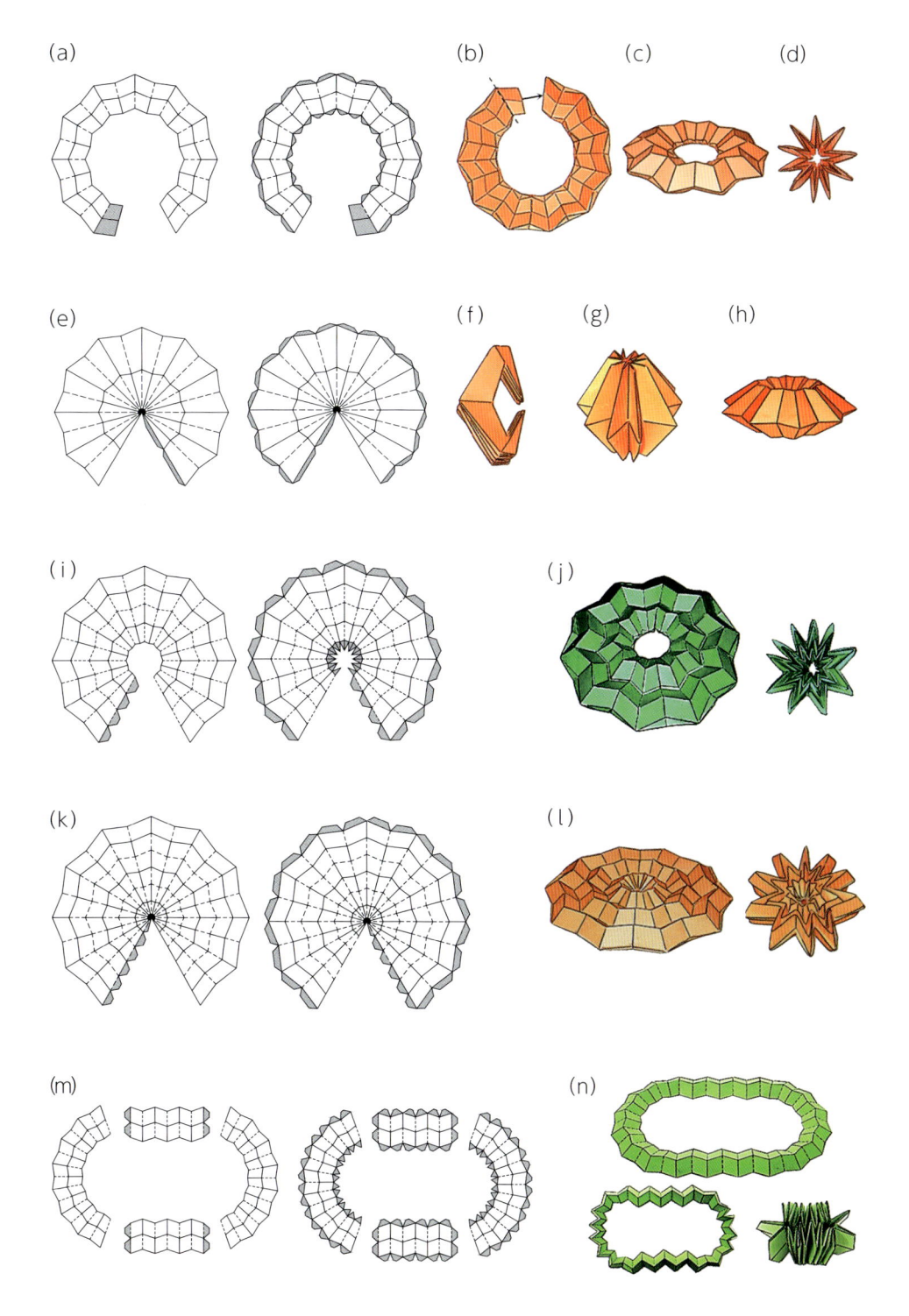

図4.4 環状に閉じた筒を半径方向へ収縮させて収納する模型．
(a)～(d)円環状の筒を作る基本の展開図，模型と折り畳みの様子，
(e)～(h)内径ゼロの円環状の筒の展開図と模型，
(i)～(l)2重，3重の円環状の筒を作るための展開図，模型と折り畳みの様子，
(m)(n)円弧と直線を組み合わせた概略楕円形の筒模型と折紙模型，その収納の様子

47

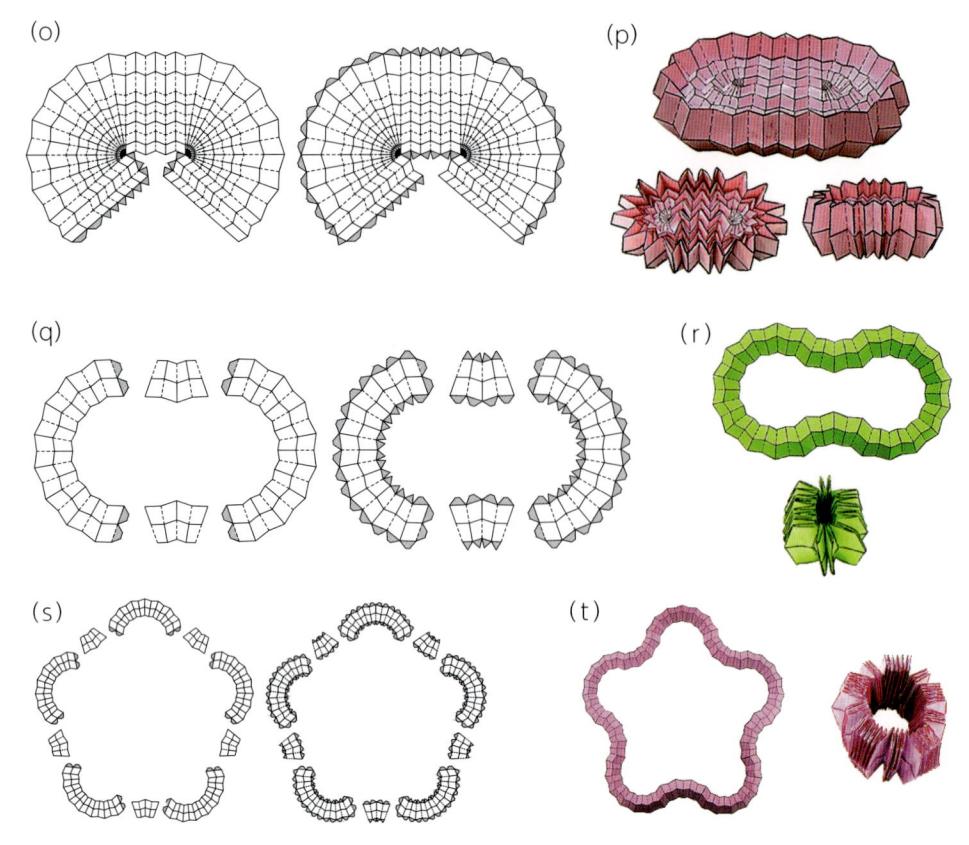

図 4.4
(続き) (o) (p) 円弧と直線を組み合わせた概略楕円の多重形の展開図と折紙模型，(q)～(t) 円弧と円弧を部分的に反転させた要素を組み合わせて作られたひょうたん形や 5 弁花形模型の展開図と折紙模型（展開図は円弧の配置を明瞭にするため分割して表示）

　上では半径方向に収縮させる標準的な折り畳みの模型を述べた．以下では折紙構造が持つ折り畳みの優れた特性を上手く活用して創出した，閉じた筒の少しスマートな折り畳み方法を紹介する．図 4.5(a) は折り畳み可能な円環状の筒を作る展開図で，図のジグザグの円弧の一部に直線部分を設けることで，この直線部の中心に円弧部が吸い寄せられるように折り畳まれる．この展開図を貼り合わせ，円弧の両端を糊付けすると図 4.5(b) のような環状の筒になる．この筒は最初，図 4.5(c) のように簡単に折られ，図 4.5(d) を経て，最終的に図 4.5(e) のように想定外の形に折り畳まれる．まったく同じ手順で折り畳める長方形の断面筒（図 3.17(a) 参照）を図 4.5(f)～(h) に，ひょうたん形状の模型の展開図とこの模型が折り畳まれる様子を図 4.5(i)(j) に示す．
　図 4.5(k) は展開図に直線部を 2 ヶ所設けたもので，この展開図で作られる図 4.5(l) に示す折紙模型は図 4.5(m) のように設けた 2 つの直線部に挟まれるようにして平坦に折り畳まれてゆく．

図4.5　閉じた管のスマートな折り畳み法．
(a)(b) ジグザグの円弧の一部に直線部を配置した展開図と折紙模型，
(c)～(e) 円弧部分がジグザグに折り畳まれて直線部に収縮，
(f)～(h) 上述の模型とまったく同じ過程で折り畳まれる長方形の断面形状の筒，
(i)～(k) 上と同じ形式で折り畳むひょうたん形の模型の展開図と折り畳みの様子，
(k)～(m) 2つの直線部を配した円環の展開図，その折紙模型と2つの直線部に挟まれて折り畳まれる様子

図 4.5(n) に示す展開図は上の模型で用いた 2 つの直線部をハット形にし，平行 4 辺形と台形の要素を用いてジグザグの円弧を繋いで作られている．この展開図で作られる図 4.5(o) の折紙模型は図 4.5(p) を経て図 4.5(q) のようにハット部に挟まれて折り畳み収納される．

　図 4.5(r) は折り畳みのできるハート形の筒を作る展開図を示したもので，ジグザグの円弧と直線のジグザグ折りを組み合わせたものを左右対称に配置したものである．この模型は図 4.5(s) のように中央の対称軸に左右から押し付けられるように折り畳まれる．同じハート形の筒を作る別の展開図と模型を図 4.5(t) に示す．ここでは，円弧部とジグザグ折り部の間に直線部を設けたものを対称に配置している．この模型は図 4.5(u) のように設けた 2 つの直線部に挟まれるように折り畳まれる．

　図 4.5(v)(w) は図 4.5(k) の 2 ヶ所設けた直線部に挟んで折り畳む模型を基にして多重の円環にした展開図とその折紙模型で，図 4.5(x) に示すように基本の模型と同じように問題なく良好に直線部に挟まれて平坦に折り畳まれる．

　ここではいくつかの基本的な形状を例にその形状に対応した種々の折り畳み法を紹介し，あたかも一枚の短冊を折るように折り畳めることを述べた．これらの例を参考にして，読者自身が望む折り畳みの形状を想定し，その形状に対応する有用かつ面白い折り畳み構造を開発されることを期待している．

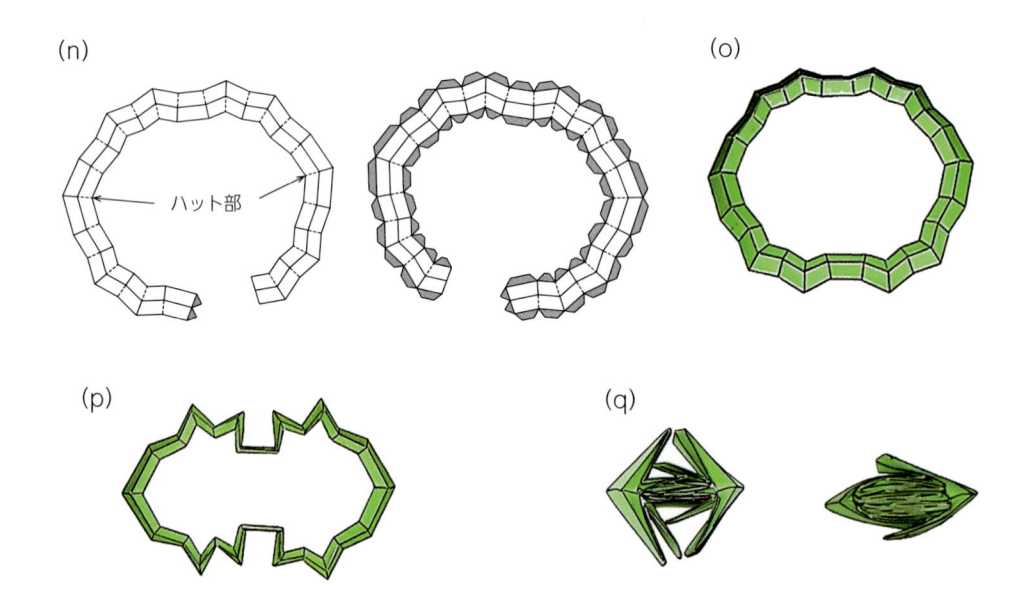

図 4.5 閉じた管のスマートな折り畳み法，
（続き）　(n)〜(q) 直線部をハット形にして作られた展開図とハット部に挟まれて収納される折紙模型の様子

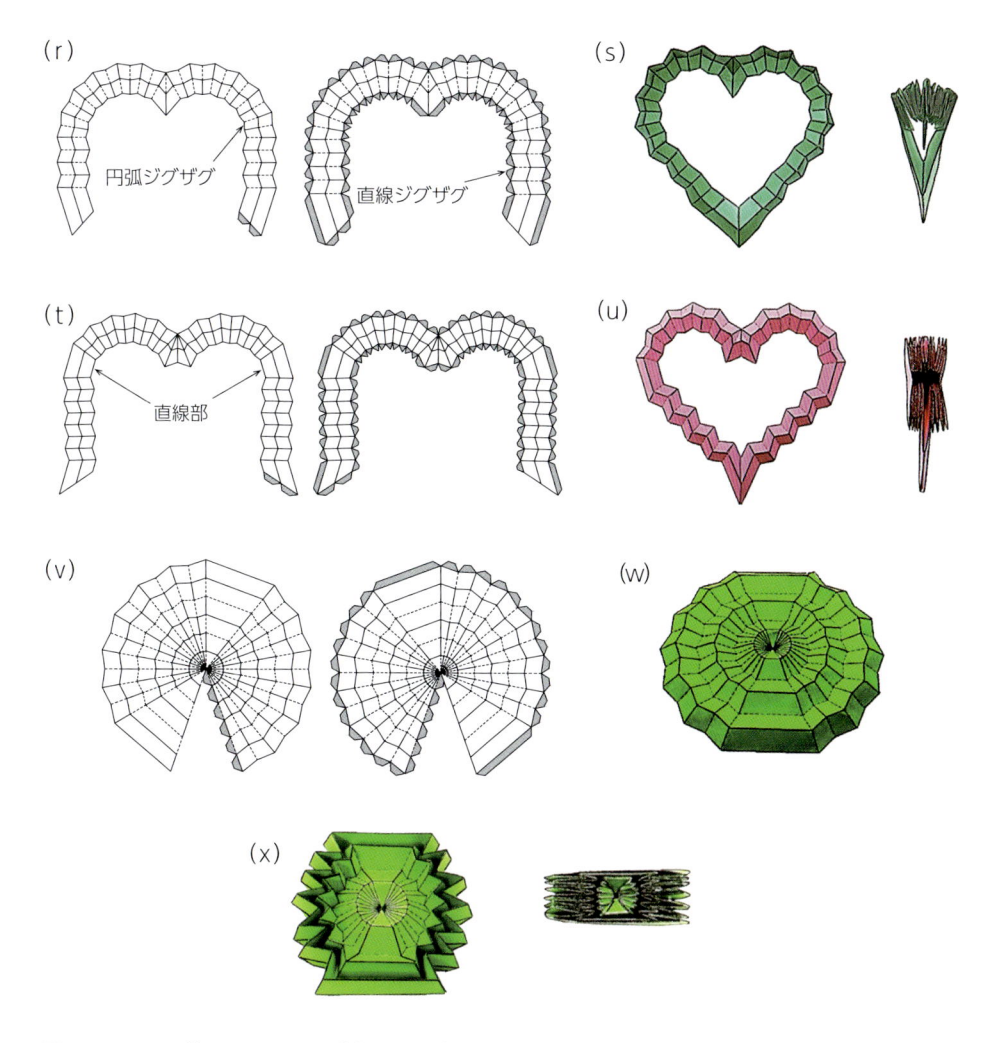

図4.5 閉じた管のスマートな折り畳み法，
(続き)
(r)(s) ハート形の筒の左右対称の展開図，その折紙模型と左右から対称軸へ押し付けて折り畳む様子，
(t)(u) ハート形の筒の展開図とその模型，左右に直線部を配置してこの直線部で挟む折り畳み，
(v)〜(x) 折り畳みが可能な同心多重円形管の展開図，その折紙模型と折り畳みの様子（図(k)を基本にする）

(c) 正方形状に閉じた筒

図 4.6(a) に示すように垂直に置いた正方形断面の筒（一辺の長さ 1）を軸方向と 45°の平面で対角線方向に切断すると，切断高さは $\sqrt{2}$ となる．切断された筒の展開図は図 4.6(b) のようになる．切断された角筒を 2 個つくり，図 4.6(c) のように接合すると正方形断面の筒を直角につなぎ合わせることができる．図 4.6(b) の展開図を用いると図 4.6(c) のカド部は図 4.6(d) のような曲がった短冊を 2 枚対称に貼り合わせて作ることができる．これより正方形状に閉じた正方形断

面の筒は図 4.6(d)を繋いだ図 4.6(e)の展開図を貼り合わせて作ることができる．図 4.6(e)の 4 辺部分を図 3.15(a)のジグザグの平面折りで置き換えると，ジグザグ折りのできる閉じた角筒の展開図が得られる．これを図 4.6(f)に，作られた模型と折り畳みの様子を図4.6(g)(h)に示す．

　前節の 2 つの直線部に挟み込んで折り畳む手法を正方形状の筒に用いたものが図4.6(i)の展開図で，折紙模型は図4.6(j)のように良好に折り畳まれる．

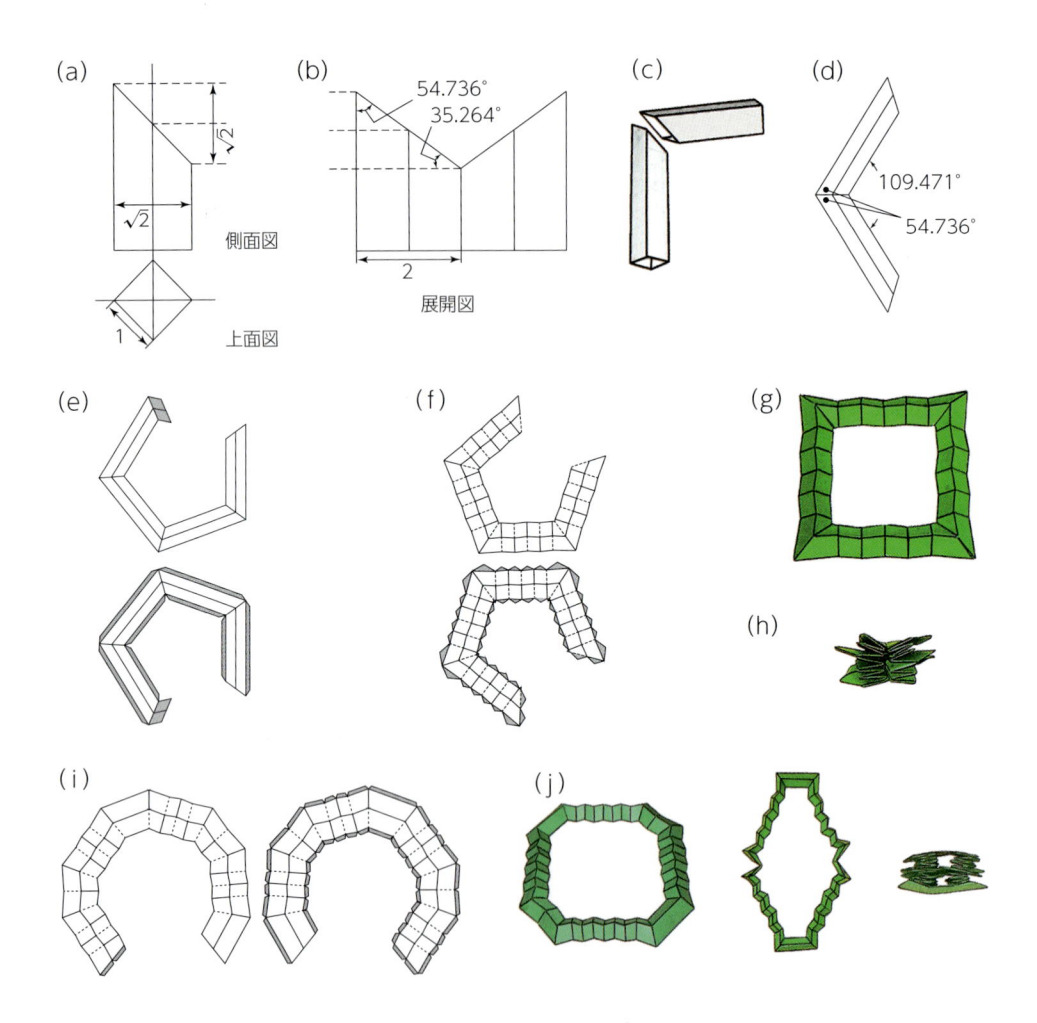

図4.6　(a)正方形断面の筒を垂直軸方向と45°の平面で対角線方向に切断,
　　　　(b)切断された筒の展開図,
　　　　(c)切断された角筒を直角に接合,
　　　　(d)図(c)のカドを対称2枚貼りで作るための展開図,
　　　　(e)正方形断面の概略正方形状筒の展開図,
　　　　(f)図(e)の辺をジグザグの平面折りで置き換え,
　　　　(g)(h)貼り合わせて作られた折紙模型と折り畳みの様子,
　　　　(i)(j)2 つの直線部に挟み込んで折り畳む手法による正方形状の筒を作る展開図，模型とその折り畳みの様子

4.3 角錐形の筒

平面の紙でモデル化できるもので残るものは円錐や角錐である．この節では対称2枚貼りによって4角錐形状の筒の折り畳み模型を作る．図4.7(a)のような頂角θの2等辺3角形2個からなる展開図を考え，これを対称に貼り合わせて角錐を作る．図は貼り合わせ時の状態を表し，これより図4.7(b)のような角錐の筒になる．3.6節の図3.15(e)(f)の一様太さの筒の場合と同じように斜めに切断してジグザグに繋ぐことを考える．折り畳まれた状態の図4.7(a)の線分DFで切断すると，線分DEとEFの長さが異なるから，反転させて繋ぐにはこのような直線の切断では不可能であることが分かる．図4.7(b)の4角錐形に開いた状態を平面で切断しても同様にこの寸法の相違の問題は解決しない．そこで図4.7(c)のように直線ではなく屈曲した線分DEFで切断することを考える．図の切断線より上の4角形ODEFの左右を図4.7(d)のように反転させて連続させるためには，線分DEとEFの長さが同じでなければならない．これを満たす条件を以下で導く．正弦定理を△ODEと△OFEに用いると

DE/OE = sin θ /sin(180° − θ − β)，EF/OE = sin θ /sin(180° − θ − α)

が得られる．線分DEとEFの長さが等しいとき，次式が成り立つ．

$$\sin(180° - \theta - \beta) = \sin(180° - \theta - \alpha) \tag{4-1}$$

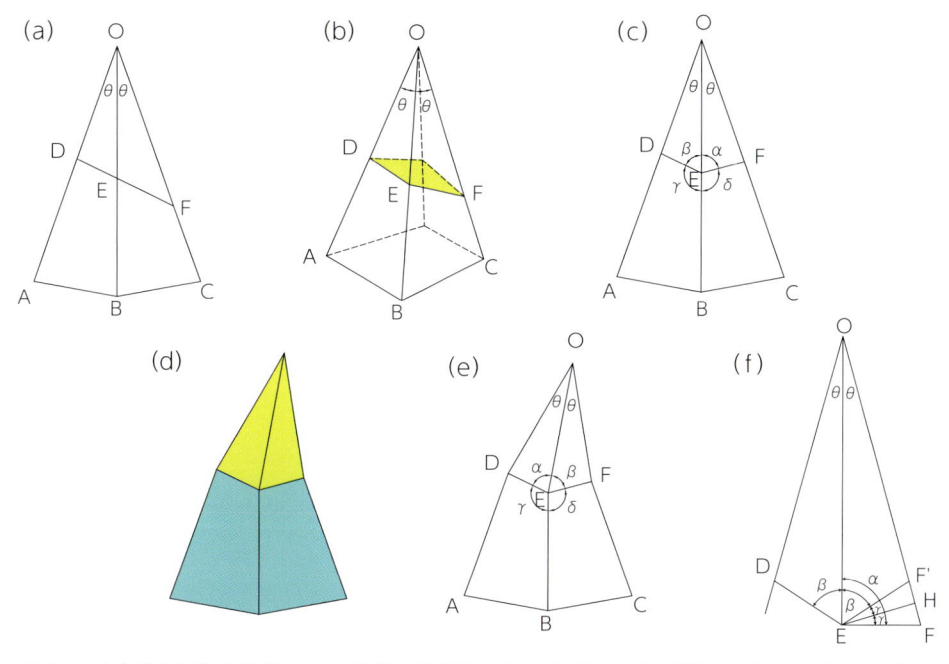

図4.7 (a)(b)対称2枚貼りした状態の角錐とそれを筒状にした状態での各々直線および平面による切断，寸法の相違の問題は解決不可，
(c)〜(e)屈曲した線分DEFで切断し，線分DE＝EFになる条件式の導出(式(4-2))，
(f)式(4-2)の幾何学的な意味を考察するための説明図

式(4-1)より，$\beta = \alpha$，あるいは $180° - \theta - \beta = \theta + \alpha$ を得る．前者の場合は左右対称で図形は折れ曲がらないから，結局，後者でジグザグに繋ぐ条件式が与えられ，次式を得る．

$$2\theta + \alpha + \beta = 180° \tag{4-2}$$

点E周りの角度を図4.7(c)のように$\alpha \sim \delta$で表すと，上部の反転後の状態を示す図4.7(e)の点Eで平坦に折り畳むための補角条件は，$\alpha + \delta = \beta + \gamma = 180°$となる．この条件は図4.7(c)で点O, E, Bが直線上にある（$\alpha + \delta = 180°$）から自動的に満たされている．すなわち，この反転法を用いて展開図を描けば折り畳みが可能であることが分かる．

式(4-2)の幾何学的意味を考えるため示したものが図4.7(f)である．点Dの直線OEに対する対称点をF'，点Eから辺OF'に引いた垂直線OHを対称軸として，点Fが点F'に対称であるとすると∠OED = β，∠OEF = αとなる．この証明は付録2で述べる．

図4.7(c)の切断法と式(4-2)を用いて，(a)ジグザグに折り畳む概略直線状の角錐形状の筒，(b)湾曲した角錐形状の筒のジグザグ形の折り畳み模型と(c)湾曲した角錐状の筒を巻き取るように折り畳む折紙模型の例を以下で考える．

(a) 概略直線状の角錐形状筒のジグザグ形の折り畳み

式(4-2)で$\theta = 10°$，$\alpha = 85°$とすると，$\beta = 75°$となる．図4.8(a)で点G, B, Cを外周円（円の中心O）上の点とし，点Bを起点に角度αとβを用いて切断線ABCを定める．次にこの切断線と平行に，切断線DEF, HIJ……を半径OB上の点E, I……を起点として描く．ここでは中心線OB上の起点E, I, Kの半径を0.85, 0.85^2, 0.85^3と等比的に小さく選択しているが，基本的には起点の位置は自由に小さくすることができる．切断線で分割された領域を下（外周部）からⅠ段目，Ⅱ段目，Ⅲ段目……として，偶数段目の左右を逆転させて積み上げると図4.8(b)となる．この手順によって図4.8(c)に示すような表裏一対の展開図が得られる．図の右のパーツを裏返して貼り付けると図4.8(d)のような角錐の折紙模型が得られ，これを左右から押しつけると図4.8(e)のように自動的にジグザグに折られ，最終的に図4.8(f)のように完全に平坦に折り畳まれる．自由に選べる角度θを最初に与え，式(4-2)で角αを決めると，角βが定まる．この関係を用いるとジグザグに折り畳みのできる種々の形状の角錐筒の模型をデザインできる．

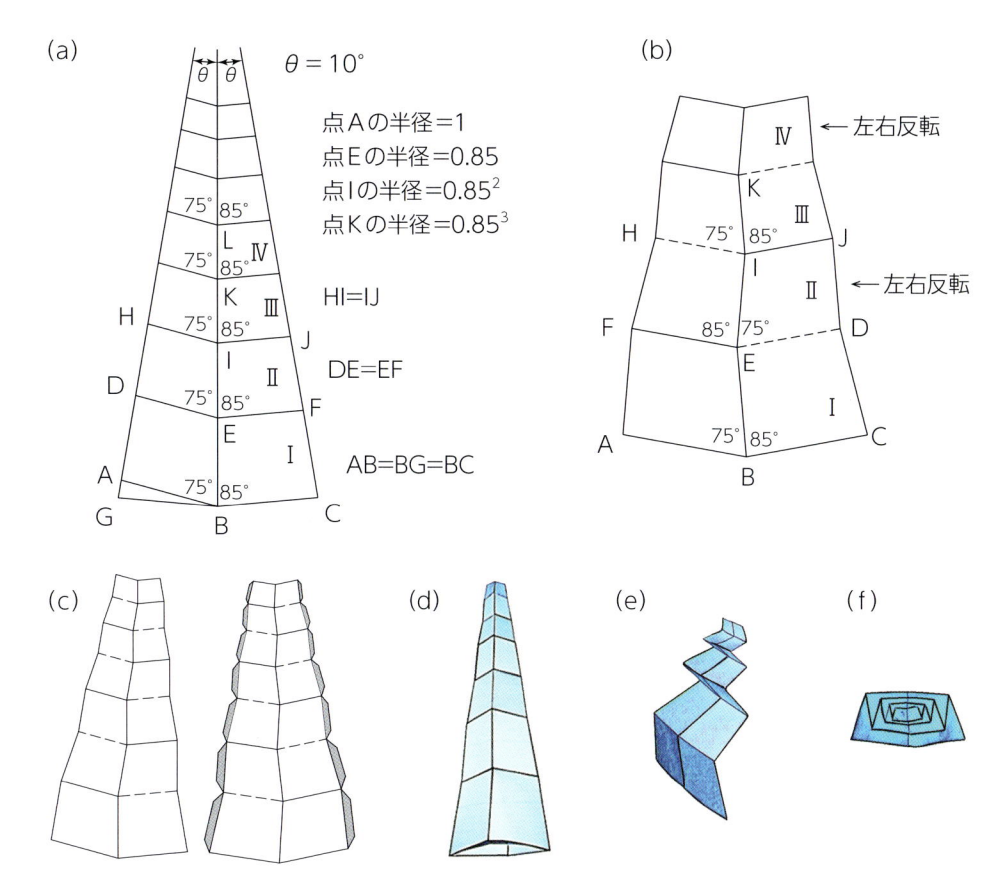

図4.8 (a)頂角10°の2等辺3角形の屈曲線による切断（$\theta = 10$，$\alpha = 85$，$\beta = 75°$），
(b)領域を下からⅠ，Ⅱ，Ⅲ……段目として，偶数段目を左右逆転させて積み上げ，
(c)～(f)展開図(c)を貼り合わせて得た折紙模型(d)と平坦に折り畳まれる様子(e)(f)

(b) 湾曲した角錐筒のジグザグ形の折り畳み

このモデルではⅠとⅡ段目，ⅢとⅣ段目のように2つの段を一組にして取り扱う．$\theta = 5°$にすると，$\alpha + \beta = 170°$となる．Ⅰ段目の下辺の切断線 ABC を$\alpha = 110°$，$\beta = 60°$，Ⅱ段目の切断線 DEF を$\alpha = 95°$，$\beta = 75°$とする．Ⅲ，Ⅳ段目は各々Ⅰ，Ⅱ段目と同じ切断角として，順次この組み合わせを繰り返す．これを示したものが図4.9(a)で，ここではⅠ，Ⅲ，Ⅴ段目の起点となる点B，I，L……の半径は等比的に小さくなるよう 1，0.85，0.85^2……とし，Ⅱ，Ⅳ……の起点E，Kの半径を0.85，0.85×0.7……とした．図4.9(a)の偶数段目の左右を反転させたものが図4.9(b)で2つの段を組み合わせたものになっているから図4.9(c)に示すように，2つの段の組で角度$(\alpha - \beta)$だけ折れ曲がって積み上げられ，その結果，螺旋状に配置された図4.9(d)が得られる．2枚の貼り合わせにより図4.9(e)のようなジグザグの折紙模型が得られ，これは図4.9(f)のように最終的に積み重なって平坦に折り畳まれる．同じ手法で作られた巻貝状の模

型の展開図と平坦に折り畳まれる様子を図4.9(g)～(i)に示す．

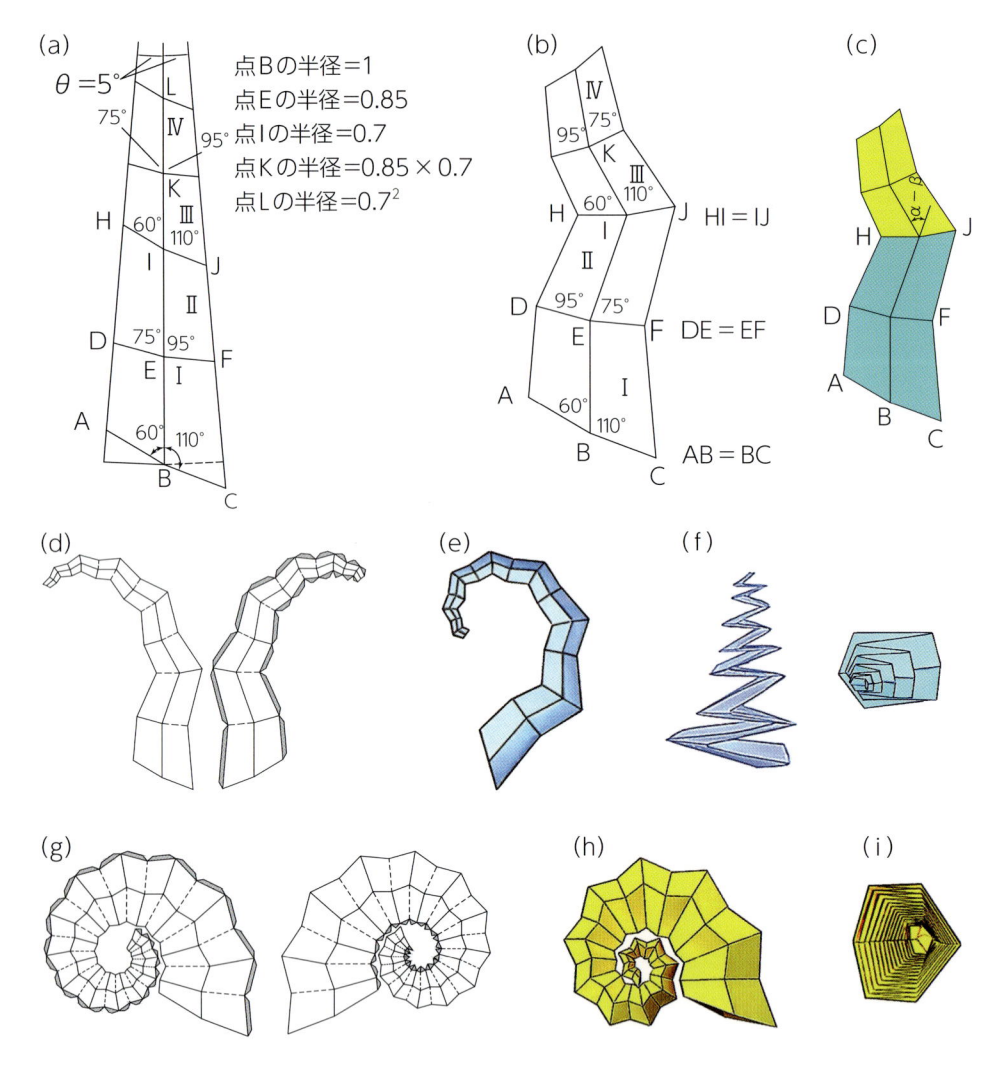

図4.9 (a)～(e) 2段分を一組にした取り扱い，$\theta = 5°$，$\alpha + \beta = 170°$，
(a) 切断線の角度，I段目（$\alpha = 110$，$\beta = 60°$），II段目（$\alpha = 95$，$\beta = 75°$），
(b) 偶数段目を左右反転して2段分を1組として積み上げ，
(c) 2段を組としたとき中心線の曲り角 $\alpha - \beta$，
(d)～(f) ジグザグの螺旋形の展開図，折紙模型と折り畳みの様子，
(g)～(i) 巻貝状模型の展開図と平坦に折り畳まれた様子

(c) 湾曲した角筒を巻き取るように折り畳む折紙模型

切断角α，βやθを図4.8(a)と同じ値にして，切断の方向を一段毎に逆方向に行う例を示す．切断して得られる領域を上述の例と同じように下からI，II，III……とし，偶数段目の下辺の切断角を$\alpha = 75°$，$\beta = 85°$に，奇数段目の下辺のそれらを$\alpha = 85°$，$\beta = 75°$にして得た図形が図4.10(a)である．図4.10(b)

はその拡大図である．図 4.10(a)の偶数段目の左右を反転させて積み上げると図 4.10(c)の展開図になる．これを貼り合わせたものが図 4.10(d)で，この模型は図4.10(e)のように先端から丸められ，図4.10(f)のように3，4角形状あるいは図4.10(g)のように完全に平坦に折り畳むことができる．

　図 4.10(h)～(j)に示されるように，頂角の小さな角錐の場合は上述の例以上に容易に丸めながら平坦に折り畳むことができる．頂角が大きな角錐になると平坦に折り畳める展開図の作図が幾何学的に窮屈になるため，この巻き取り法は頂角が大きな角錐の設計には不向きである．

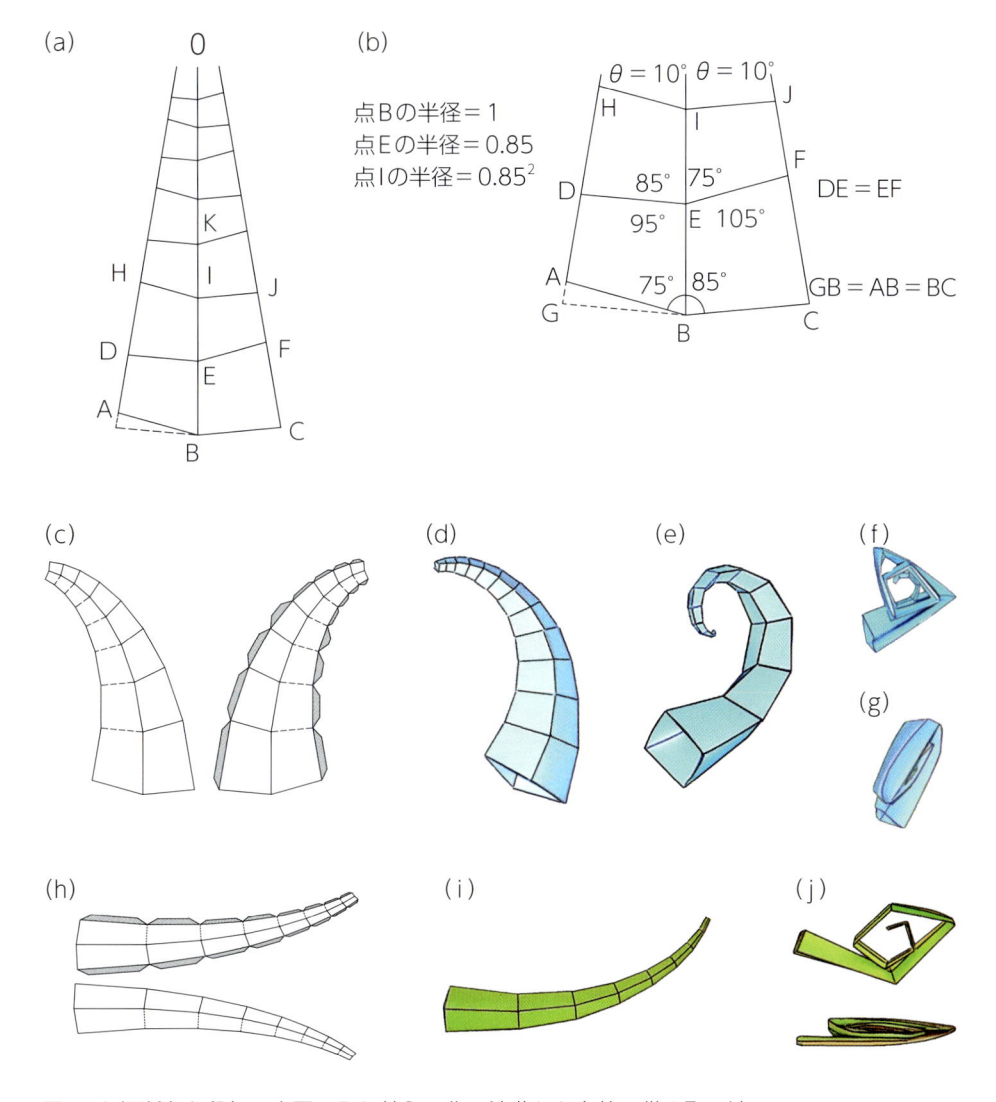

図4.10 切断角を段毎に交互に入れ替えて作る湾曲した角筒の巻き取り法．
　　　(a)(b) $\theta = 10$，$\alpha = 75$，$\beta = 85°$．
　　　(c)～(g)展開図と折紙模型，巻き取りの様子．
　　　(h)～(j)頂角が小さい模型；巻取り型で平坦の折り畳みが容易

4.4 反転型の等角螺旋状折り線を用いた近似設計法

前節で述べた角錐筒の設計法は数理的に厳密なものであるが，習熟するまで作業が面倒で容易さが要求されるものづくりの観点からは問題が残ると考える．ここでは等角螺旋による近似作図法を述べる．円形のグラフ用紙を用意し，図4.11(a)に示すように周辺に点 A，B，C を等角度で定める（図では 15°）．中心を O，円の半径を 1 とする．点 A から反時計周りに 5° ずつ回転した半径上に点 D，G……を定める．ここでは，点 D，G……の半径を 0.8，0.8^2，0.8^3，・のように 0.8 倍で等比的に小さくしている．点 A，D，G……は等角螺旋上にある．何故なら，これらを結んだ曲線は各点で半径方向と同じ角度になるからである．点 B，C からも同様の螺旋を描く．ゆがんだ 4 辺形を外側から I，II，III，IV として，II，IV を逆方向にすると図 4.11(b)になる．この半径方向のジグザグ線を反転螺旋と呼び，ジグザグ幅を振り角 θ と名付けた[2]．この反転螺旋図を描く場合には，円形のグラフ用紙の外周部（半径1）に点 A，B，C を定め，基準とする半径 OA，OB，OC を描く．次に，任意の小さな角 θ だけずらせて半径 OD，OE，OF を引き，半径 0.8 (= r) の点 D，E，F……を打つ．元の半径に戻って半径 0.8^2 (= r^2) で点 G，H，I……を定める．この行き来を繰り返しながら半径を 0.8^3，0.8^4……と中心に向かって小さくして打点してゆくと，所望するジグザグの折り線図が得られる．

図 4.9 では厳密に折り畳み条件が成立するよう折り線を定めたがこの折り線ではどうであろうか．付録 2 で述べているように，この反転型の等角螺旋状折り線を用いると振り角 θ 分だけ平坦に折り畳む条件を満たさない．しかしながら，θ を小さな値，例えば 1, 2° に選択すれば紙やプラスチック材などの柔らかい材料

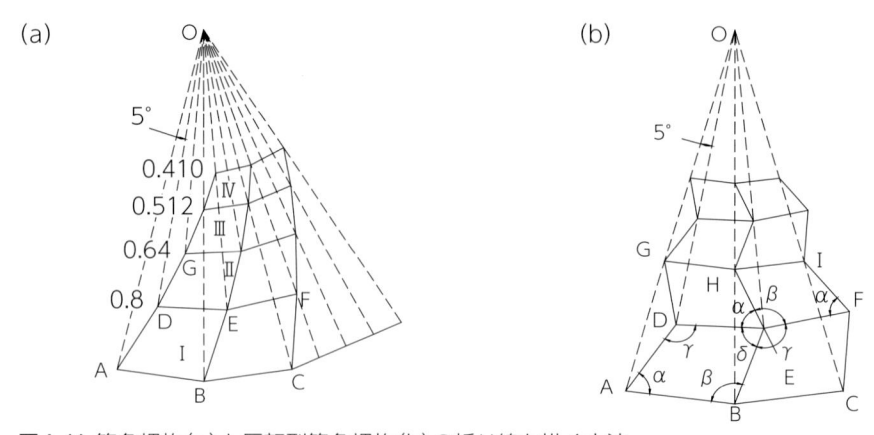

図4.11 等角螺旋(a)と反転型等角螺旋(b)の折り線を描く方法．
(a) 点 A から一定角 θ ずつ回転した半径上に，半径を等比的に小さくしてプロット (θ = 5°，等比縮小率 0.8)．
(b) 図(a)の偶数番目を左右反転

では折り畳みに問題が生じることはほとんどない．θ値が小さいほど直線に近い折り畳み構造になるため，実用的には極めて簡便でこの等角螺旋法による設計法を推奨したい．

上述の誤差 1 ～ 2%を許容して作った模型を図 4.12 に示す．片面の頂角 10°の扇形に反転型等角螺旋の等比数列の公比(縮小率 r)を 0.85 とし，振り角θを 0.5°として描いた展開図を図 4.12(a)に，これを 2 枚貼りして得た折紙模型と折り畳まれる様子を図 4.12(b)～(d)に示す．角筒の場合と同じように短冊を折るように極めてスムーズに折り畳まれる．

図 4.12(e)に片面の頂角 20°の扇形に螺旋の縮小率を 0.8，振り角 2°で描いた展開図を，図 4.12(f)～(h)にその折紙模型と折り畳まれる様子を示す．図 4.12(i)に片面の頂角 40°の扇形に螺旋の縮小率を 0.8，振り角 2°で描いた展開図を，図 4.12(j)(k)にその折紙模型と折り畳みの様子を示す．図 4.12(l)に 2 つの角錐を頂点でつないだときの展開図，その折紙模型を図 4.12(m)(n)に示す．

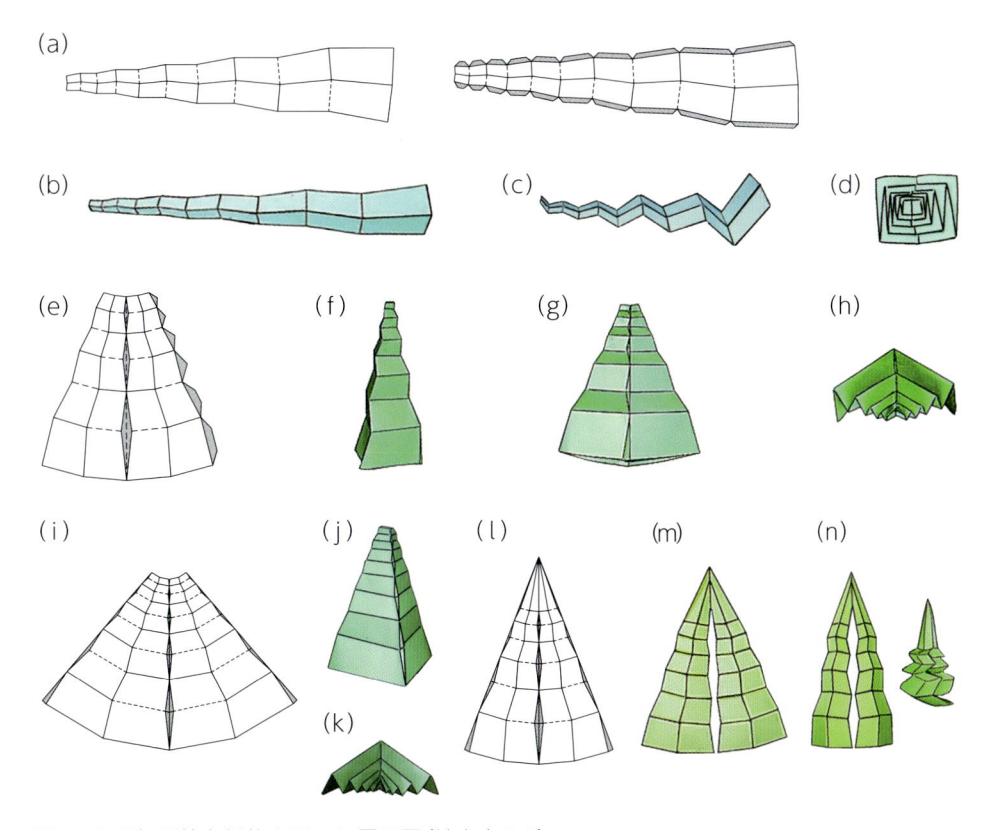

図 4.12 反転型等角螺旋を用いた展開図 (縮小率 0.8)，
(a)～(d) 展開図の片面の頂角 10°，振り角 0.5°，折紙模型と折り畳みの様子，
(e)～(h) 展開図の片面の頂角 20°，振り角 2°の，折紙模型と折り畳みの様子
(i)～(k) 片面の頂角 40°，振り角 2°の展開図，折紙模型と折り畳みの様子，
(l)～(n) 2 つの角錐を頂点でつないだ模型の展開図と折り畳みの様子

4.5 螺旋形状の角筒の簡便なデザイン法

次に市販の円形グラフ用紙を用い，角錐状の筒をデザインする方法を図 4.13 (a)を用いて述べる．一例として 6 角形を基本にし，円の中心 O から 60°の放射線で円を分割する．外周上の点 A の半径を 1 とし，反時計周りに点 B，C，D ……を放射線上に定め，それらの半径を 0.8，0.8^2，0.8^3 のように等比的に小さくとる(公比 $r = 0.8$)．これらの点を結んだものを中央線①とする．点 B，C ……において∠ABC，∠BCD の 2 等分線 FJ，GK を引く．ここで，点 F，G の半径を点 B，C のそれらより 15% 大きくとる(幅拡大比 $s = 1.15$)．すなわち，それぞれの半径は 1.15×0.8，1.15×0.8^2 である．点 B，C が中点となるよう線分 FJ，GK を定め，∠IAB =∠JBC となる線分 EI を点 A に引く．点 E の半径を 1.15 とし，点 A が中点になるよう点 I を定める．点 I，J，K，L……と点 E，F，G，H……を連ねた②③が展開図の内周と外周を与える．このようにして得た展開図を図 4.13(c)に示す．図 4.13(d)に見られるように，この折紙模型は巻き取る形で折り畳まれる．

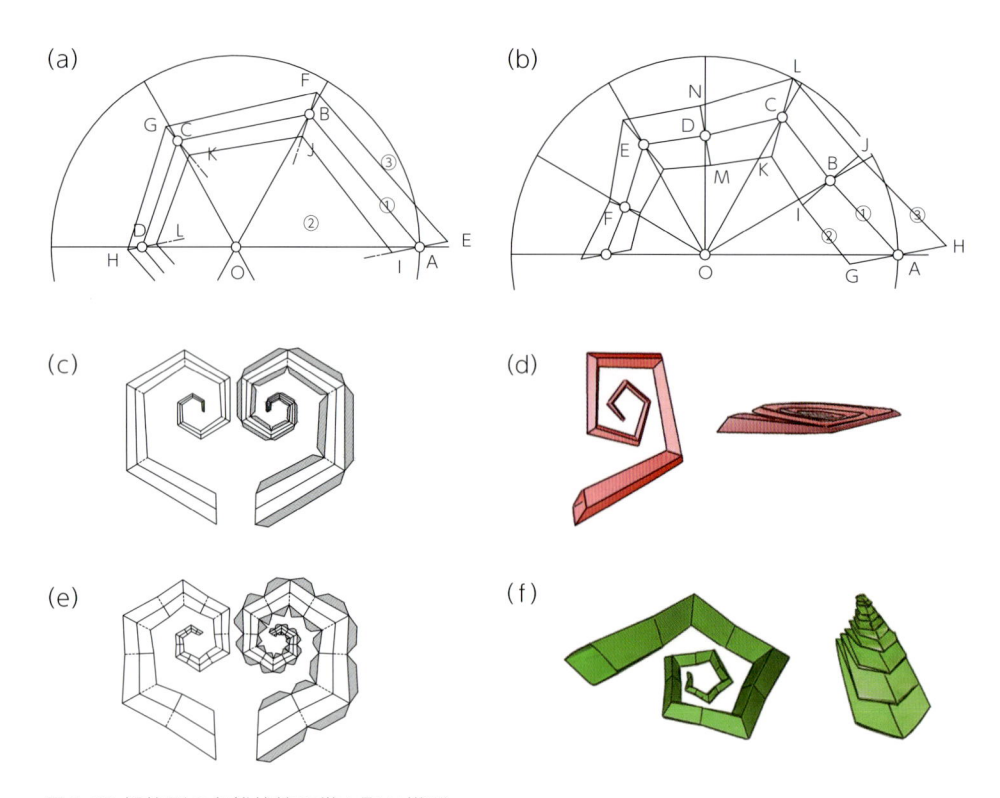

図4.13 螺旋型の角錐状筒の巻き取り模型．
(a)(b)各々の模型の展開図の作成法の説明図，
(c)(d)巻き取り収納される螺旋型の角錐状筒の展開図と模型，
(e)(f)平坦に折り畳み収納される螺旋型の角錐形状の折り畳みのできる筒の展開図，折紙模型および折り畳みの様子

図 4.13(a)をジグザグにする場合の例を図 4.13(b)に示す．円の中心 O から 30°の放射線で円を分割し，外周上の点A(半径1)から，反時計周りに点B, C, D, E, F……を放射線上に定める．ここで，一つ飛びの点A, C, E……の半径を1, 0.8 ($=p$)，0.64($=p^2$)のように等比的に小さくなるよう定める．次に，これらの点の中央の点B，D，F……の半径を0.75($=q$)，0.6($=qp$)，0.48($=qp^2$)，0.384($=qp^3$)のように(ジグザグになるよう)小さく選ぶ．これらの点を結び中央線①とする．先のモデルと同じように，点 B, C……において∠ABC, ∠BCD……の 2 等分線 IJ, KL……を引き，ジグザグ状の展開図の内周②と外周③を定める．図では外周③上の点H, J, L……の半径は中央線①を形作る点A, B, C……の半径より25%大きくし，内周①上の点G, I, K は AH = AG, JB = BI, LC = CK…として定めたものである．このようにして得た展開図を図 4.13(e) に，その折紙模型はジグザグ型のため平坦に折り畳まれる(図4.13(f))．

4.6 角錐筒の突合せ接合

図4.14(a)〜(c)は4角形の筒および頂角の異なる角錐筒の展開図を2枚貼り合わせた状態で下部を水平方向と 20°で切断したものである．これらを左右から押しつけて断面を正方形の状態にした4角筒，4角錐筒の側面の様子は各々図4.14(d)〜(f)のようになる．図4.14(d)の筒の場合($\theta=0°$)には，4隅の点A〜D は筒の断面の形を変えても常に一つの平面上にある．これが前章で述べた切断して繋いだ角筒の容易な変形と折り畳みを担保している．一方，角錐の場合は図4.14(e)(f)から分かるように4隅の点A, B', C, D'は同一平面上にはなく，図4.14(g)に模式的に示すように中央の点B'やD'で凹んだ位置にくる．断面形状を変えるとこの凹み量が変化する．凹み量は頂角θが大きなものほど顕著である．

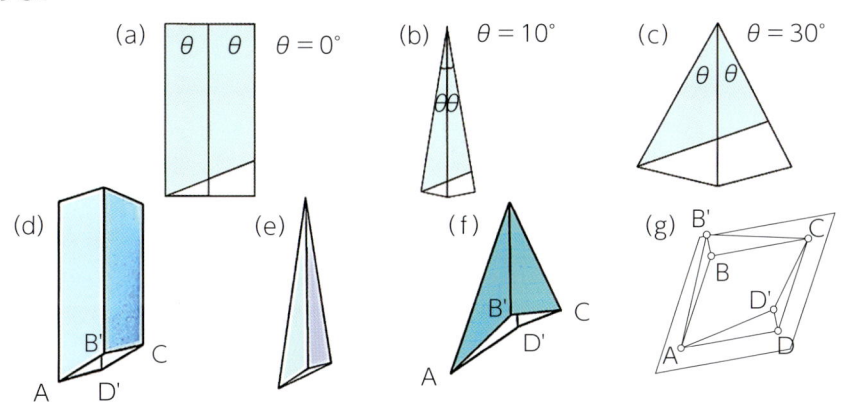

図4.14 2枚貼りした折紙模型が変形できないことの定性的な説明，
(a)〜(c)頂角の異なる角錐の展開図を斜め切断((a):4角筒，(b)(c)4角錐)，
(d)〜(g)4角形断面にしたときの様子と角錐下端でのB'とD'での凹みの模式図

図4.14(h)のように，θが10°と30°角錐を組み合わせで作られた段付きの展開図を貼り合わせた模型の動作を上述の角錐の幾何学的特性に留意して以下で検討する．図4.14(i)と(j)は図4.14(h)を接合線A－Cで切断し，その上部分と下部分を各々2枚貼りして，断面を正方形にしたときの側面の様子を模式的に示したものであり，上部(図(i))の下辺ABCと下部(図(j))の上辺ABCの形には明らかな相違が生じる．これは図4.14(h)のようなパーツを2枚貼りしても面の大きな曲がりを許容しない限り立体化して筒状には出来ないことを意味する．また，図4.14(k)のように，頂角の大きな角錐の底部分を突き合せて接合した展開図の場合も，図4.14(l)のように接合部に大きな隙間が生じるため，このような形状の2枚貼り模型も面の曲りなしに立体化や折り畳みができないことになる．

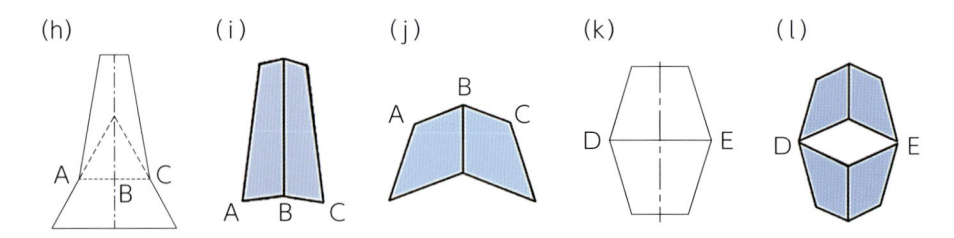

図4.14 2枚貼りした折紙模型が変形できないことの定性的な説明．
(続き)　(h)～(l)頂角の異なる角錐を繋いだ展開図(h)および対称に繋いだ展開図(k)，仮想切断線A－CやD－Eに見られる切断面形状の相違((i)と(j))や不連続(l)のため貼り合わせ模型の変形不可)

　上述のように，頂角の異なる角錐筒を接合して接合面で折り畳める模型を作ることは幾何学的観点からは不可能であると考えられる．しかしながら，種々の折紙模型を作ると図4.15(a)(b)のように頂角の小さな角錐を頂点方向に突き合せて接合した場合や頂角の大きな角錐であっても少し曲がった状態で突き合せて接合した場合には，折り畳み時に(平)面が相応に湾曲し簡単に折り畳める場合がある．そのため，紙や布のように柔らかな素材を用いた製品のデザインにおいては，実用的観点から上述の幾何学的な議論はその意味を失う．また，後節で述べる服

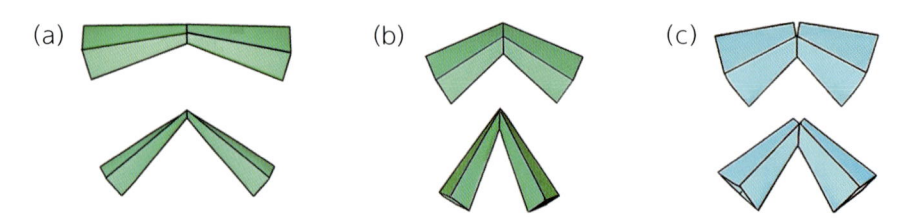

図4.15 (a)展開図の頂角20°，軸の曲がり20°の突合せ模型の折り畳み．
　　　　(b)展開図の頂角30°，軸曲がり60°の場合の折り畳み．
　　　　(c)上部の切込みの入った突合せ角錐の折り畳み

飾品などのデザインの場合には図 4.15(c)のように上部に切込みを入れる作品も多く，このような場合には上述の幾何学的な拘束の問題が氷解してしまう．

　ここで述べた角錐を突合せ接合した構造の折り畳みの可否は幾何学と力学を連成させて明らかにしなければならない問題であるが，この議論は今後の課題とする．

4.7　2枚貼り合わせによるT字分枝模型とY字分枝模型の折り畳み

　前節の突合せ構造の発展形として，ここでは左右対称のT字やY字形の分枝構造の折り畳みを考える．図4.16(a)(b)はT字の横棒(袖部)と垂直の支えの筒部分が同径のT字分枝の展開図と2枚貼りによる折紙模型で，水平の両袖が垂直の筒部に沿うように折り畳まれる例を示したものである．このように折り畳むためには，袖部と支え筒の脇の点から描かれた谷折り線が脇の角度を2等分するよう設けることが必要である．これについては本節の後半で述べる．

　このような構造の折り畳みは幾何学的な拘束を強く受け，模型が折り畳めるのは素材の柔軟性に因る．折り畳めるか否かの判定は多分に主観的なものもあるため，ここでは市販のグラフ用紙程度の厚さの紙で作られた模型が破損なく折り畳まれるか否かを一つの目安とする．どのような模型が折り畳めるのかを数理的に明らかにするのは現状では容易なことではないため試行錯誤的な取扱いになる．以下にこのような模型の折り畳みの例を述べる．

　図4.16(c)(d)のように両袖部分を少し下がり気味にした2枚貼りの折紙模型も容易に折り畳まれる．図 4.16(e)は袖部が支えの筒部分より太い場合で，この模型を折り畳むことはできないが，図 4.16(f)の展開図のような補助折り線

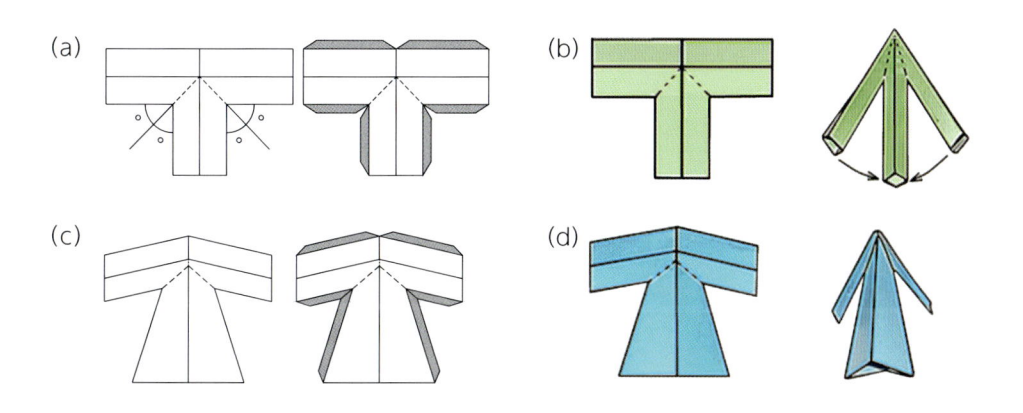

図4.16 (a)(b)T字分枝の基本形と袖部(T字横棒)が胴部(縦棒)にピッタリと折り畳まれる模型と，これを達成するために導入する脇角を2等分する谷折り線，
　　　　(c)(d)折り畳み易くなる両袖を少し下がり気味にした2枚貼り模型

を設けると，分枝中心付近の折り目が移動することで辛うじて折り畳まれる(図4.16(g))．図4.16(h)は袖部が垂直の支えの筒部分より細い場合で図に設けた補助折り線で図4.16(i)のように，また，袖部を台形にした模型も図4.16(j)のような補助折り線を用いると，図4.16(k)のように良好に折り畳まれる．両袖の上がったT字分枝の折り畳みは困難であるが，図4.16(k)のように補助折り線を上手に設けると折り畳むことが出来る．このような例から「曲げられるT字の横棒が支えに対して(分枝中心付近で)細いものや下がり気味の折紙模型は直接あるいは補助折り線を適切に導入することで折り畳むことが出来るが，太くなるほど難しくなる」と大まかにまとめることができる．

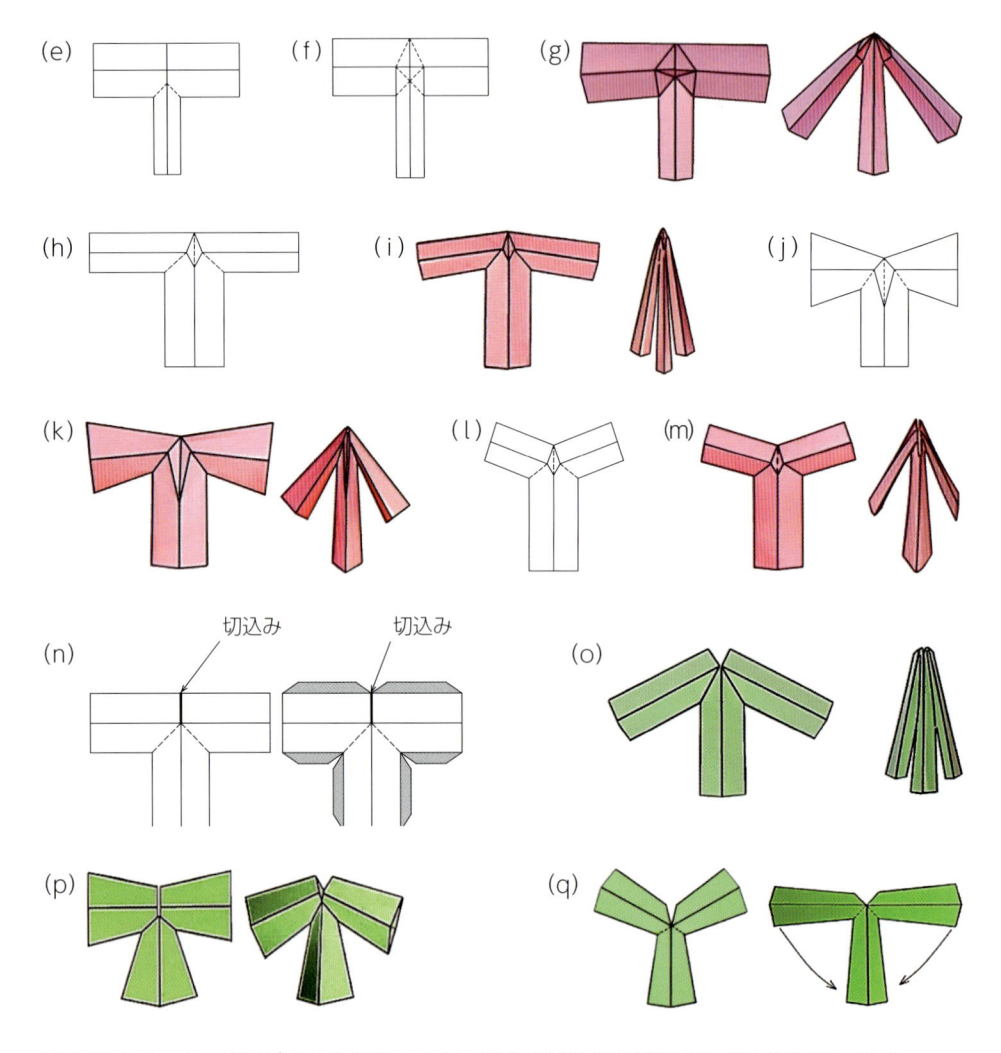

図4.16 (e)〜(g)袖部が支えの筒部より太い場合は補助折り線で辛うじて折り畳み可能，
(続き) (h)〜(m)袖部が支えの筒部より細い場合は適切な補助折り線で折り畳み可能，
(n)〜(q)上部に適切に切込みを導入するとほぼ無条件で折り畳み可能

第4章 対称2枚貼り合わせ折り紙による応用構造

上で述べた模型を厚紙や高分子材などで作ると折り畳むのは容易なことではない．このような場合には切込みを入れることで簡便に折り畳むことができる．図4.16(n)は上の基本の模型の中央に幅の半分だけ上から切込みを入れたもので，図4.16(o)のように容易に折り畳まれる．図4.16(p)(q)はT字の袖部と支え部を台形にした模型とY字の全ての部分を台形にした模型である．これらの折紙模型を折り畳むことは不可能ではあるが，切込みを設けることで折り畳みが極めて容易になる．このため，切込み法は実用性に富んだ簡便法として一つの有用な手法になると考える．

　上ではT字とY字分枝型の袖部分の可動性を検討し，補助折り線を設けて折り畳む方法や切込みを入れる簡便方法を述べた．しかしながら，両袖と支え部を一体化して平坦に折り畳むためには，展開図が次に述べる幾何学的な条件を満たしていなければならない．

　図4.17(a)は対称2枚貼りのT字模型の右半分の展開図を示したものである．この模型を折って図の左方向(⇒)から見ると図4.17(b)のようになっている．完全に折り畳んだ状態を示したものが図4.17(c)である．袖部を平坦に折り畳んだとき，鉛直方向の筒の稜線BCが中央にきて左右の連続性を保つためには図4.17(a)の展開図で「∠ABC，すなわち袖部と支えの筒がなす脇の角を谷折り線BDが2等分するように定めねばならない」．これが基本となる条件である．図4.16で示した全ての模型はこの条件を満たすように引いた谷折り線で折紙模型が作られている．

　第2の条件は谷折り線を引いたことから生じる問題で，図4.17(d)で谷折り線BDの左の上端の点Dが水平方向の筒の稜線となる①より下に来る場合はこの点Dまで切込むことが必要である．図のように点Dが①より上にあると線分EDに切込みを入れても折り畳むことはできない．これについては7.3節で述べる．

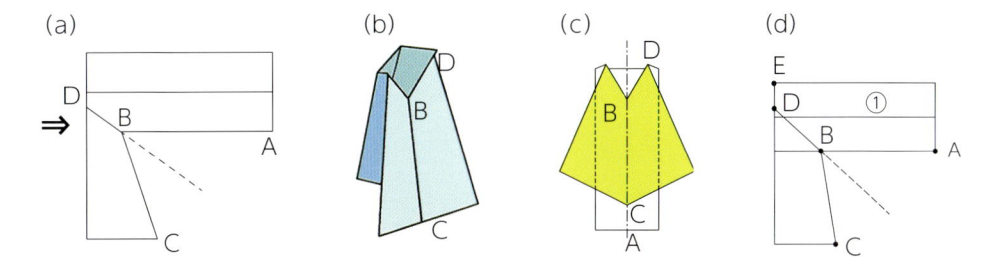

図4.17 両袖と支えの筒部を平坦に折り畳むための幾何学的な条件，
　　　(a)〜(c)対称2枚貼りしたT字模型の右半分の表示，模型を折り畳む過程と折り畳んだ状態，谷折り線BDが∠ABCを2等分するよう設定，
　　　(d)折り線BDの左端の点Dが稜線①より下にくるとき；点Dまで切込み，上にくるとき；分枝の中を含む広い領域の切込み

66　第4章　対称2枚貼り合わせ折り紙による応用構造

第5章

分枝構造を用いた応用構造

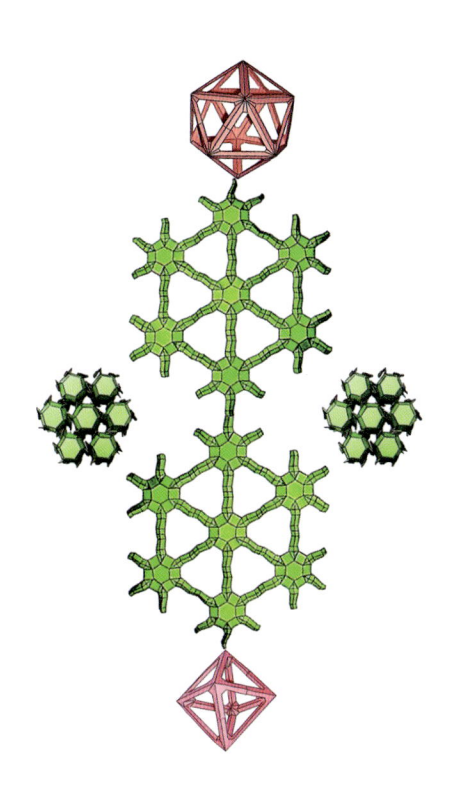

第5章　分枝構造を用いた応用構造

　分枝模型を組み合わせると平面を特定の模様で埋め尽くす網目模様が作られる．この構造に折り畳みの機能を持たせると大きな構造を効率よく収納できる製品が設計出来る．この章ではこのような折り畳み構造や分枝模型を改良して基礎的な立体模型を作ることを2枚貼りの折紙手法で考える．

5.1　T字分枝およびY字分枝の連結構造

　図 4.16(a)の T 字分枝を連結させると網の目状の筒状構造になる．その展開図，折紙模型を各々図 5.1(a)(b)に示す．ここでは，変形を可能にするため分枝の中心上部に切込みを設けた(図 5.1(c))．これは図 5.1(d)を経て図 5.1(e)のように折り畳まれる．Y 字分枝を連結した展開図，折紙模型，切込みの様子を図5.1(f)〜(h)に示す．折紙模型は正6角形模様が連なった筒状構造になり，図 5.1(i)(j)のように変形する．これらは筒部材を蝶番でつないだ構造に対応し，切込み部分が蝶番の働きをする．そのためプラスチックなどで製品化した際には耐久性などの問題があるが簡便ゆえの利便性は大きいと考えている．図 5.1(c)の切込みを V 字形にして図 5.1(k)のように丈夫な棒を差し込んで貫通させると，碁盤目のメッシュ構造になり，工事現場や園芸用品などで収納効率の良い組み立て式の製品になると期待している．

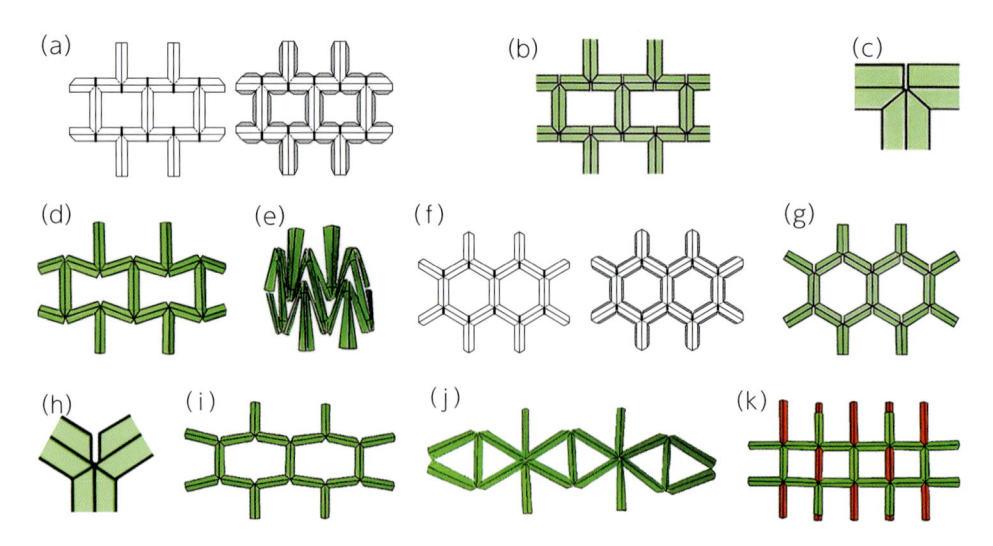

図5.1　対称2枚貼りによる網目構造．
　　　(a)〜(c)T字分枝を連結した構造，折紙模型，変形を容易にするための切込み，
　　　(d)(e)折り畳みの過程，(f)〜(h)Y字分枝の展開図，折紙模型と切込み，
　　　(i)(j)正6角形の模型の変形の様子，
　　　(k)半折りにした状態で直線の棒を挿入した碁盤目構造

5.2 分枝モジュールの折紙模型

前節では分枝の中心部分の一部に切込みを入れ,蝶番機能を持たせて折り畳む方法を述べた.ここでは切込みをなくし,分枝構造の枝の部分を長くしてこれに折り畳み機能を持たせるモジュールと名付けた部品を2枚貼り手法で製作し,これらを接合して大きな構造を作る方法について述べる.このような部品は高分子材料で簡単に成型できるため,端末を閉じて空気や水圧で構造全体を収縮・展開(拡張)させることを考えている.

(a) Y字モジュール

図5.2(a)(b)は分枝の中心部を6角形で作ったものの表裏1対の展開図とその折紙模型で,Y字モジュールと呼ぶ.この模型の枝部分は図3.15(a)(b)に基づく折り畳みのできるもので,ジグザグの数と周期長さは自由に選べるため枝部の長さに制限はない.図5.2(d)は6個繋いで正6角形を作ったもの,図5.2(f)はこのモジュールを更に繋いで網目構造を作ったもの,図5.2(d)は6個繋いで正6角形をつくったもので図5.2(e)のように小さく収納される.図5.2(g)は分枝の中心部が図5.2(h)のように図5.2(a)とは異なる展開図によるもので,図5.2(i)のように収納される.

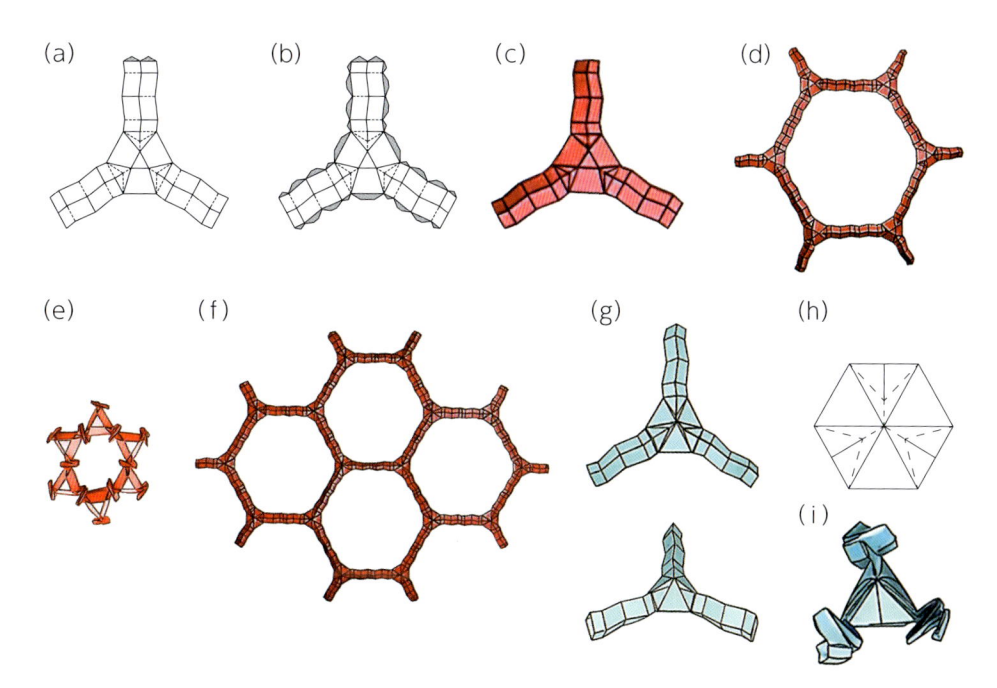

図5.2 対称2枚貼りにより作られる枝部に折り畳み機能を持たせたY字モジュール,
(a)～(c)分枝の中心部を6角形でデザインした展開図と折紙模型,
(d)～(e)6個繋いで作られた正6角形状の構造,折り畳みと網目模様の製作模型,
(g)～(i)分枝の中心部の折り畳みが図(a)(b)と異なる模型とその折り畳みの様子

(b) 十字モジュール

図5.3(a)〜(c)は分枝の中心部を8角形にした4本枝の分枝モデルの展開図とその折紙模型，および枝部が折られる様子を示したものである．これを十字モジュールと名付ける．枝部が折り畳まれた時，モジュールの中心部は上面が正方形の直方体状になる．図 5.3(d)はこれを連ねて作った網目構造の基本要素で図5.3(e)のように折り畳まれて収納される．分枝の中心部を図 5.2(f)のような展開図に変えることもでき，これによって作られた網目構造と収納の様子を図 5.3(g)(h)に示す．

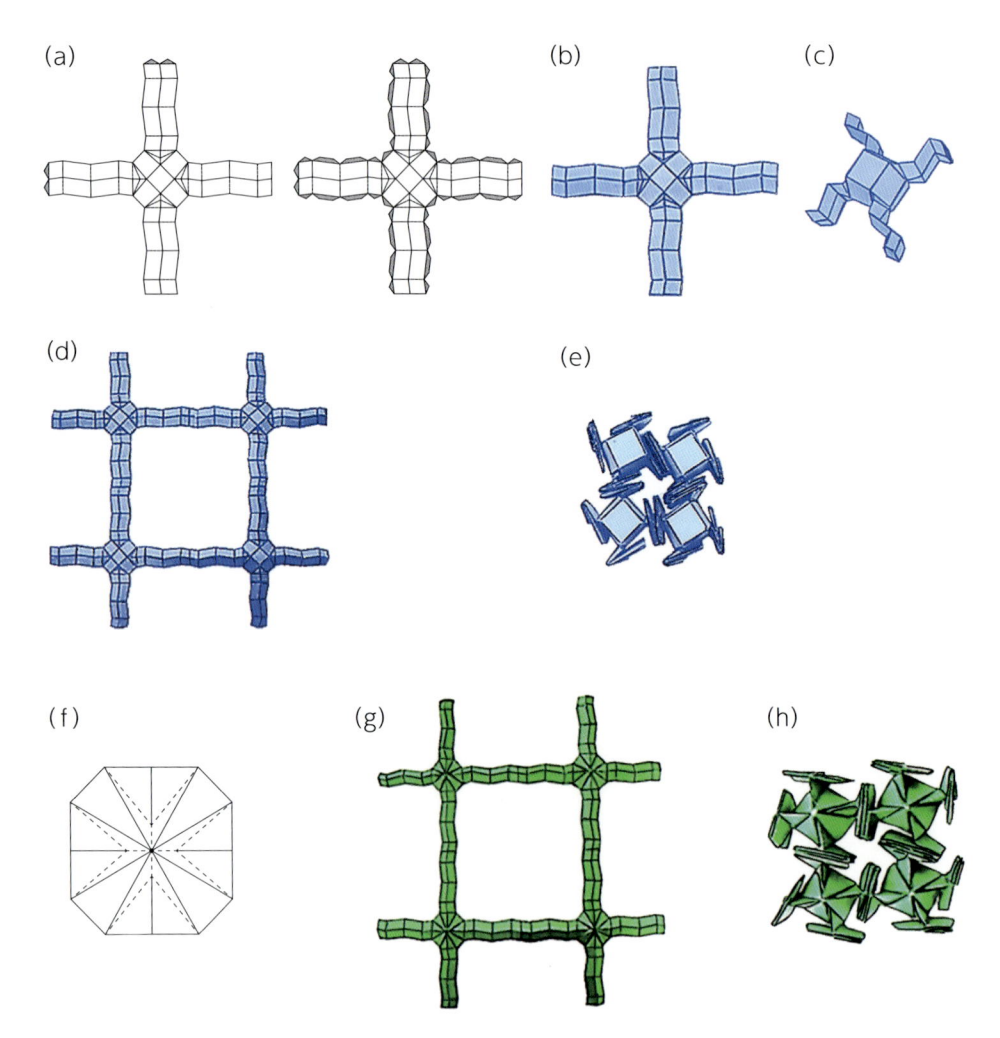

図5.3 対称2枚貼りにより作られる枝部に折り畳み機能を持つ十字モジュール，
(a)〜(c)分枝の中心部を8角形でデザインした展開図と折紙模型，枝部を折り畳んだ状態，
(d)(e)4個繋いだ正方形状の網目の基本構造と折り畳みの状態，
(f)異なる形の十字モジュールの中心部の折り線図，
(g)(h)網目模様の基本構造と折り畳んだ状態

第5章　分枝構造を用いた応用構造

（c） 亀の子モジュール

　図 5.4（a）は分枝の中心部が 12 角形の亀の子モジュールと名付けた分枝構造の展開図で，その折紙模型を図 5.4（b）に示す．図 5.4（c）〜（e）はこれを繋いで作った正 3 角形による平面充填模様の網目構造と，枝部が折り畳まれて効率よく収納されることを示したものである．図5.4（f）〜（i）は枝部を長くしたモジュールの展開図とその模型，これを繋いだ模型の折り畳みの様子を示したものである．

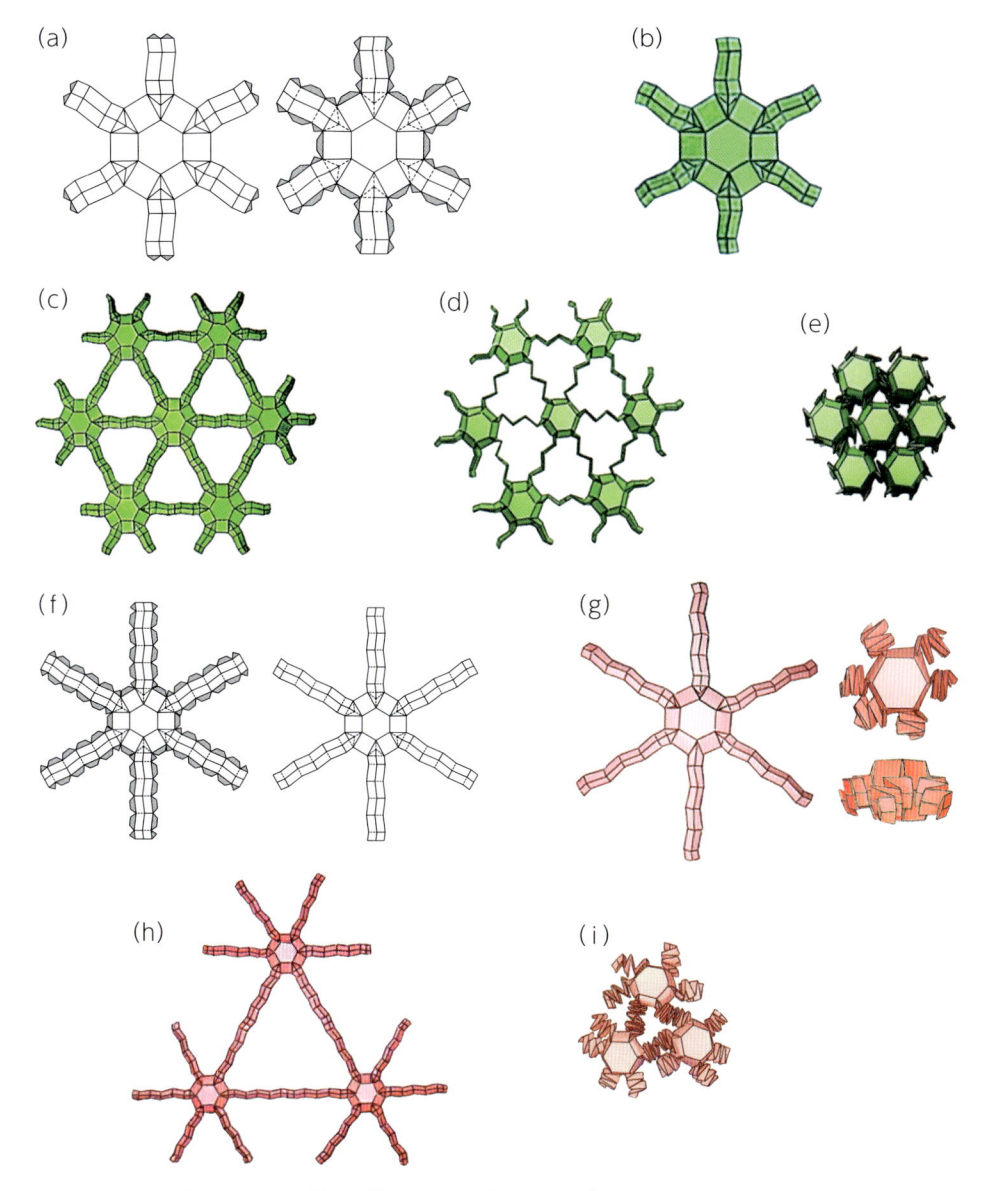

図5.4 対称 2 枚貼りによる枝部が折り畳める亀の子モジュール，
　　　　（a）（b）分枝の中心部を12角形にした展開図と折紙模型，
　　　　（c）〜（e）7個繋いで作られた網目模様と折り畳み収納の様子，
　　　　（f）〜（i）枝部の長いモジュールの展開図，模型，3個繋いだ様子と折り畳みの状況

5.3　概略対称のパーツの貼り合わせによる立体折紙模型

　本節では3.2節で述べた正4面体や正6面体などのプラトンの正多面体の稜線がなす骨格構造や，それらの折り畳み構造を外側と内側のパーツで置き換え，それらを貼り合わせる2枚貼り方法を用いて作る．外側のパーツの展開図を基本に，折り返しのための折り線を付加した少し異なる展開図を内側パーツとして用いるため表題で概略対称貼り合わせとした．ここでは，①頂点に集まる稜線を枝と考え，この集まりを分枝構造（分枝モジュールと呼ぶ）とみて，これらを繋いで多面体を作る方法と，②一体化した展開図を貼り合わせて構造を作る2つの方法を述べる．前者はプラスチックなどで成形した部品を繋いで製品を作ることを考えたものであり，後者は折紙的な方法によるものづくりを考えている．

(a)　正4面体

　最初，図3.3(a)に示した正4面体の6本の稜線部分を4角形断面の筒にした骨格構造を2枚貼り手法でデザインする．次に，これを基に折り畳むことができる正4面体の骨格構造を作る．図5.5(a)はこの製作法を概念的に示したもので，稜線部を外側と内側の2つのパーツからなる4角形断面の筒とし，正4面体の頂点部分は図5.5(b)に示すように，内側のパーツの展開図に折り返しのための谷折り線を設けたものにする．

　6本の稜線部分を4角形断面の筒にした構造を示したものが図5.5(c)(d)で各々が外側Ⅰと内側パーツⅡに対応する．頂点部は図5.5(e)に示すように，半平面180°を9等分して3本の稜線部分を配置したもので，デザインの手法は前節のモジュール中心部のそれと同じ考えに基づいている．パーツⅠとパーツⅡの相違は，Ⅱには折り返しのため中心軸と80°で交差する谷折り線が追加して設けられていることと糊しろ部が付与されていることである．図5.5(c)を折ると図5.5(f)になり，図中の点EとFを貼り合わせると図5.5(g)に示すように正4面体の外側部分になる．図5.5(d)を折ると図5.5(h)の内側部分が作られる．図5.5(i)に内側パーツの頂点部の拡大図を示す．製作手順は内外パーツを貼り合わせた後，最後にE-F部を結合すると作りやすいように思われる．

　折り畳みができる正4面体の骨格構造の模型は上述のそれの頂点部分をそのまま用い，6本の稜線部分を折り畳みにした2つのパーツの展開図（図5.6(a)）を用いる．これらを折って貼り合わせると図5.6(b)のような折紙模型になる．図5.6(b)の模型は図5.6(c)のように，その枝（稜線）部がコンパクトに折り畳まれる．稜線部分がより長いものを製作するときは，図5.6(d)のように頂点を起点に正4面体を4分割し，これをモジュール（図5.6(e)）として繋ぎ合わせると便利である．

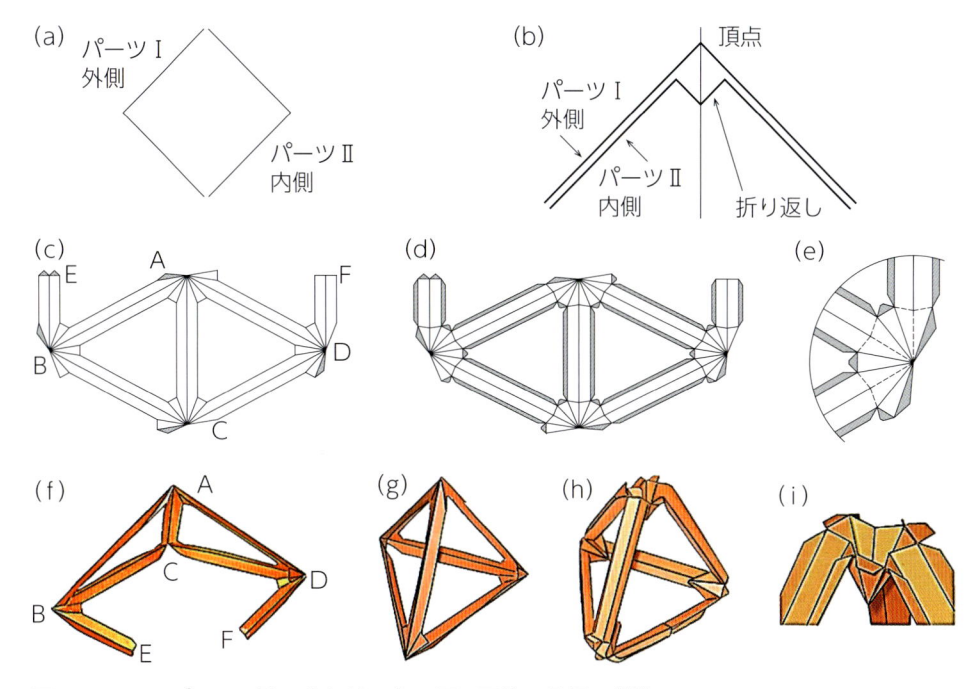

図5.5 2つのパーツの貼り合わせで作る正4面体の骨組み構造．
(a)(b) 稜線部分の断面と頂点付近でのパーツⅠとⅡの貼り合わせの概念図，
(c)(d) パーツの展開図，(e) 内側パーツの頂点部の拡大図（枝部の折り返し），
(f) 折り作業の途中の状態，
(g)(h) 折り曲げ後の外側と内側のパーツの状態，
(i) 内側パーツの頂点部の拡大図

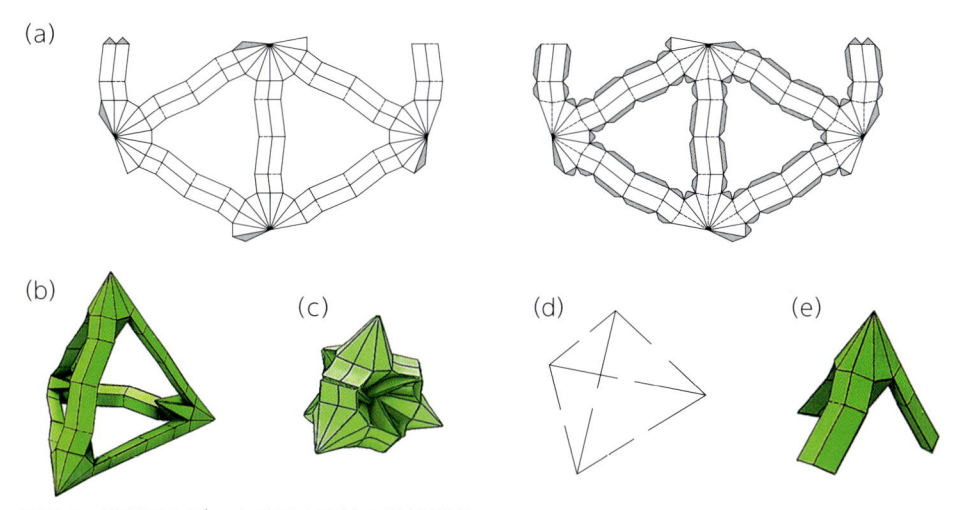

図5.6 折り畳みができる正4面体の骨格模型．
(a)(b) 外側と内側を作る2つのパーツの展開図と製作した折紙模型，
(c) 枝部を折り畳み収縮後の模型の様子，
(d)(e) 稜線部が長い模型を作るときには頂点を起点に図(d)のように4分割し，モジュール(e)を作って繋いで製作（口絵参照）

73

(b) 立方体（正6面体）

　折り畳みのできる立方体の骨格構造を貼り合せ法で作る方法について述べる．外側のパーツの最も簡単な展開図とその折紙模型を示したものが図 5.7 (a) (b) である．立方体の頂点を形作る内側のパーツの展開図の例を外側パーツとともに示したものが図 5.7 (c) (d) である．この展開図 (c) を折るのは極めて窮屈な作業で実用性は期待できない．それゆえ，これにかえて頂点部分に余裕をもたせた図 5.7 (e) に示す展開図を用いる．展開図の分枝中心で枝部分の中心角を 50°，分枝間の余白部を 40° とした．内側パーツの折り返し角度を 67.5° としている．こ

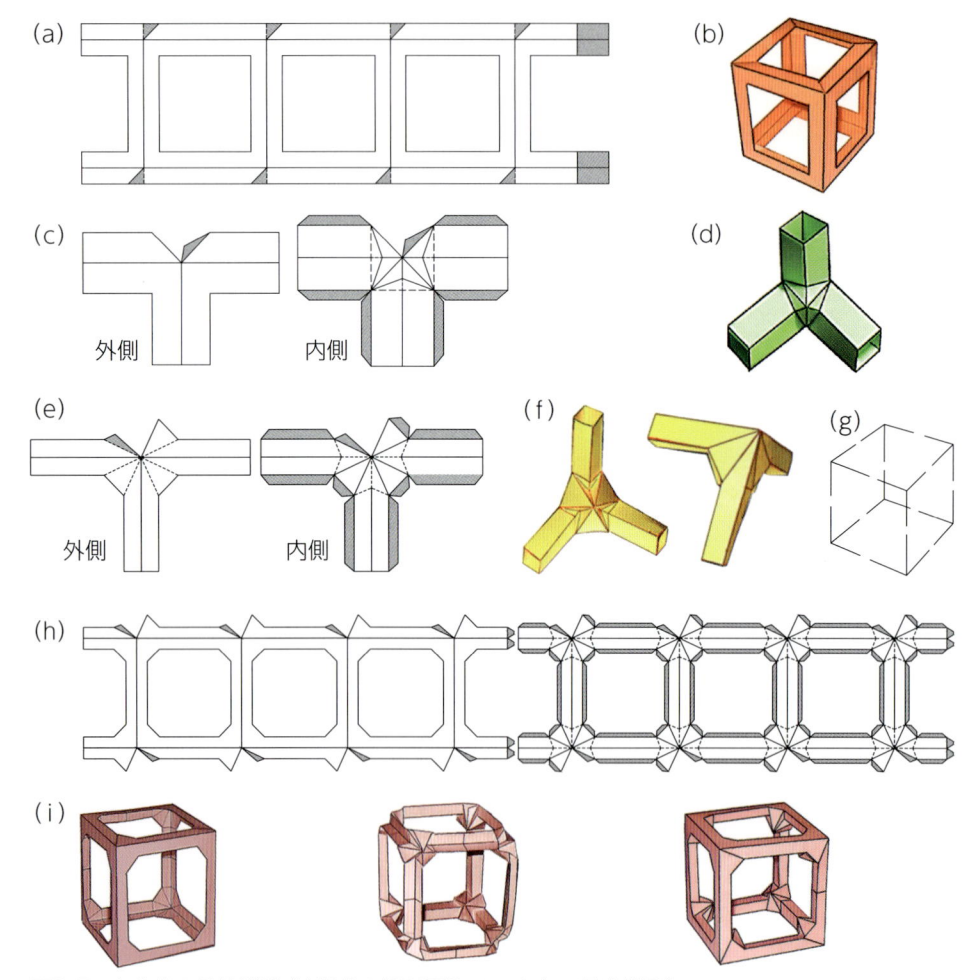

図5.7　立方体の骨格構造（枝部分の折り畳みのできない基本模型），
　　　　(a) (b) 外側のパーツを作るための最も簡単な展開図と折紙模型，
　　　　(c) (d) 図 (b) の頂点を作るための基本的な展開図の例（内側パーツの製作が容易ではない），
　　　　(e) (f) 改良型の展開図とモジュール模型の様子，
　　　　(g) 頂点を中心として立方体の稜線を8分割，
　　　　(h) (i) 立方体の骨格を一体で作る展開図とその折紙模型

の折紙模型は図 5.7(f)のようになる．その結果，外側のパーツと内側のパーツの展開図は，内側のそれに折り返し用の折り線を追加するだけの相違になっている．ここで，完成したモジュールを繋ぐための糊しろ部分は削除されている．図 5.7(f)をモジュールとして，図 5.7(g)のように 8 個を立方体の頂点にして繋ぎ合わせると，立方体の稜線を筒部材とした骨組み構造が得られる．

図 5.7(h)はこのパーツを 8 個繋いで一体化した展開図で，これらを用いて作った外側パーツ，内側パーツ，これを組み合わせた完成品の折紙模型を図 5.7(i)に示す．

折り畳みができる立方体の骨格構造の模型は上述のそれらの頂点部分をそのまま用い，稜線部分をジグザグ折りに置き換えて折り畳めるようにした展開図 (図 5.7(j))で作られる．これらを折って貼り合わせると図 5.7(k)のようなモジュールを得る．これを 8 個繋ぐと図 5.7(l)の折紙模型になり，この模型は図 5.7(m)(n)のようにコンパクトに折り畳まれる．図 5.7(o)は折り畳みのできる立方体を 2 枚の紙の貼り合わせで作るための一体化された展開図である．

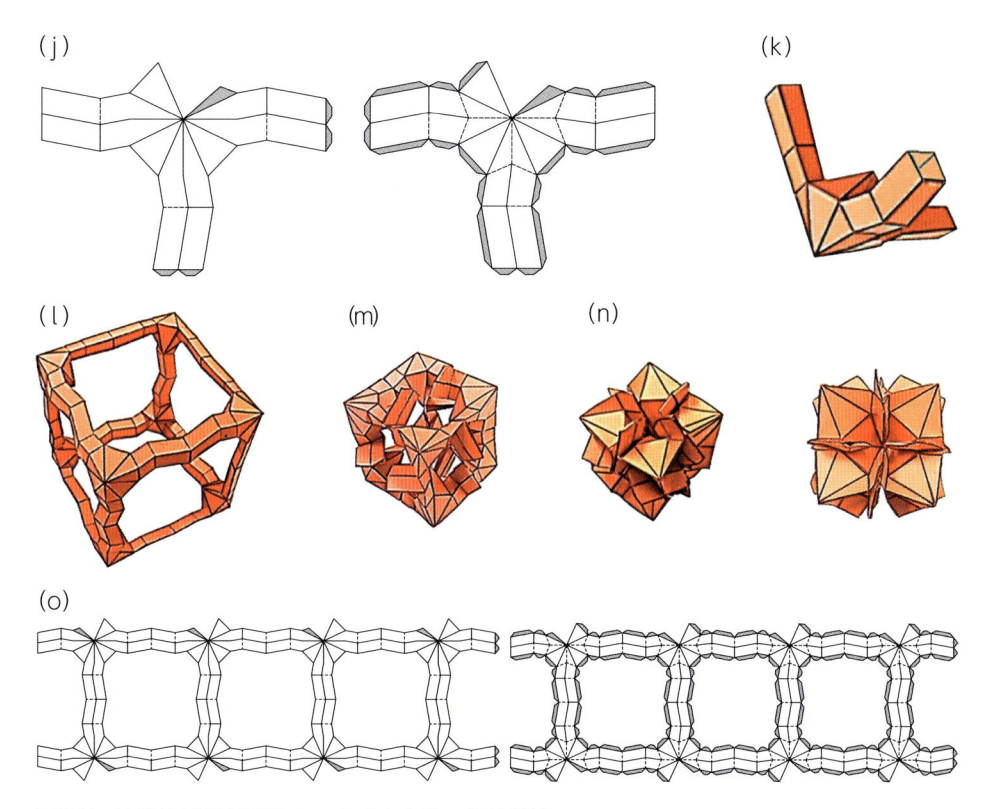

図5.7 枝部分が折り畳みのできる立方体の骨格構造，
(続き)
(j)(k)分枝(稜線)部分の折り畳み可能なモジュールの展開図と模型，
(l)～(n)モジュールを8個繋いで作られた折り畳み可能な立方体，折り畳みの過程と折り畳まれた様子，
(o)折り畳みのできる立方体の骨格構造を一体化して作るための展開図

（c） 正8面体

図 3.3(c) から分かるように正 8 面体の頂点数は 6 で，面は正 3 角形 8 つで構成され，一つの頂点に集まる稜線とこれで構成される面の数はいずれも 4 である．この頂点部分を 4 本の分枝構造と見なして作った展開図と折紙模型を図 5.8(a)(b) に示す．ここで分枝の中心は 20° 毎に分割され，中心角は 60° が 4 面分の 240° で作られている．2 枚貼りした分枝構造のモジュールを 6 個繋ぐと正 8 面立方体の骨格が作られる．6 個を一体化したものは図 5.8(c) の外側と内側パーツの展開図の貼り合わせで作ら

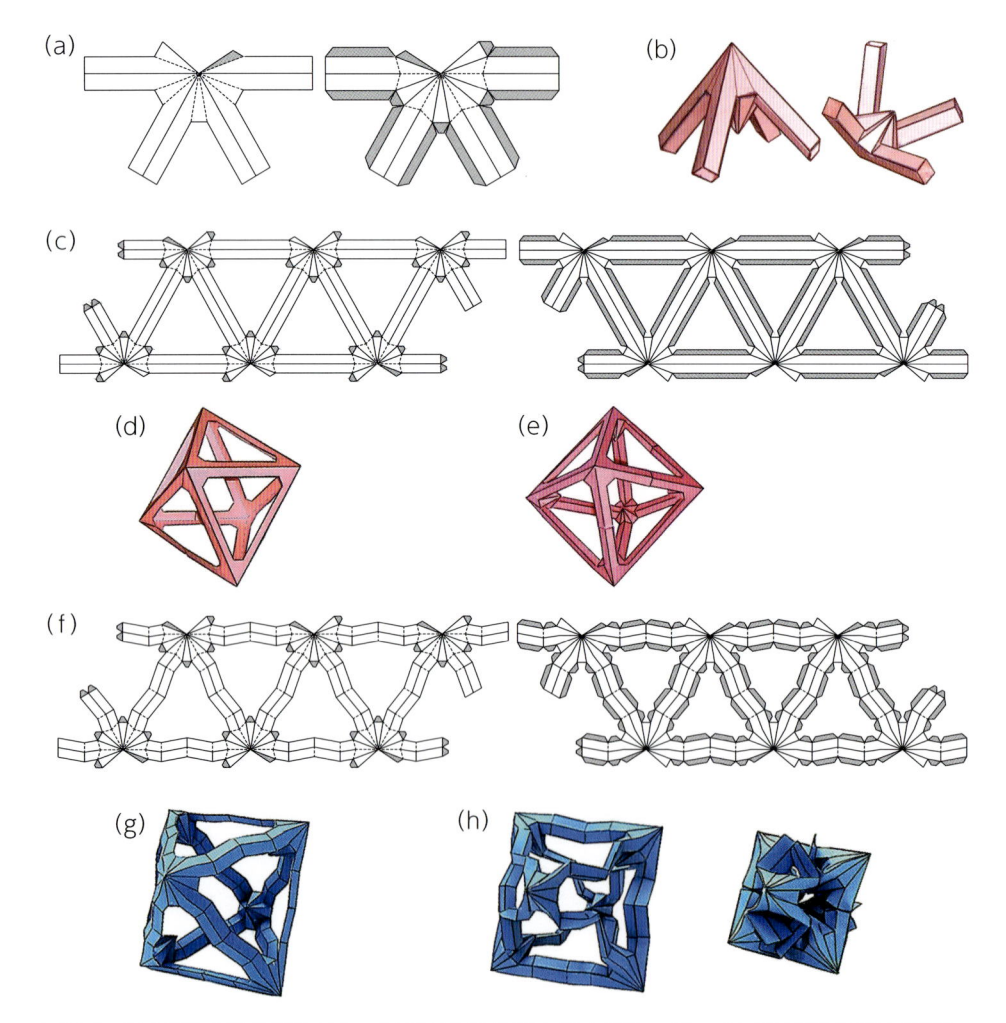

図5.8 正8面体の骨格構造((a)～(e)折り畳み不可の基本構造，(f)～(h)折り畳み可能な模型)，
(a)(b)頂点部分を4本の分枝構造として描いたモジュールの展開図と折紙模型，
(c)(d)骨格構造を一体で作る展開図と折紙模型（外側構造のみ，および貼り合わせた模型），
(f)～(h)稜線部の折り畳み可能な一体化した構造の展開図と折紙模型，およびその折り畳みの過程

76　第5章　分枝構造を用いた応用構造

れる．外側だけを折ったものと内側と外側を貼り合わせた模型の様子を図 5.8(d)(e)に示す．折り畳みができる正 8 面体の骨格構造を一体化して作る展開図を図 5.8(f)に，その模型と折り畳みの様子を図 5.8(g)(h)に示す．

(d) 正12面体および正20面体

図 3.3(d)を見ると正 12 面体は頂点数 20，面の数は正 5 角形 12 で，一つの頂点に集まる稜線と面の数はいずれも 3 であることが分かる．この頂点部分を 3 本の分枝構造にした展開図と分枝モジュールの折紙模型を図 5.9(a)(b)に示す．ここで分枝の中心は 27°毎に分割し，中心角を 324°，すなわち，正 5 角形の内角108°を 3 つ分にしたものである．この分枝モジュールを 20 個繋ぐと正 12 面体の骨格を得る．これを一体化した展開図は図 5.9(c)のようになり，外側だけを折ったものを図5.9(d)に，内，外パーツを貼り合わせた完成模型を図5.9(e)に示す．

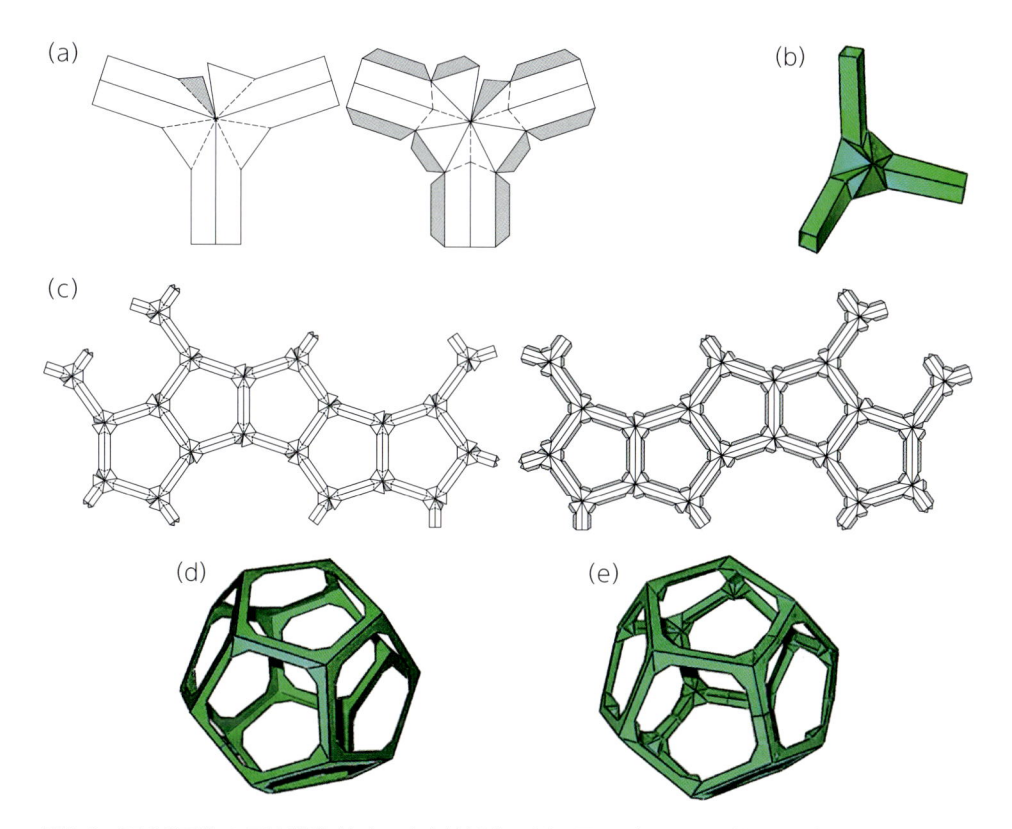

図5.9 正12面体の骨格構造((a)〜(e)枝部分の折り畳みができない基本構造)，
(a)(b)頂点部分を3本の分枝構造として描いたモジュールの展開図と模型，
(c)〜(e)正 12 面体の骨格構造を一体で作る展開図とその折紙模型(外側構造および貼り合わせた完成模型)

折り畳みのできる正12面体の骨格構造を一体化して作る展開図を図5.9(f)に，その模型と折り畳みの様子を図5.9(g)(h)に示す．

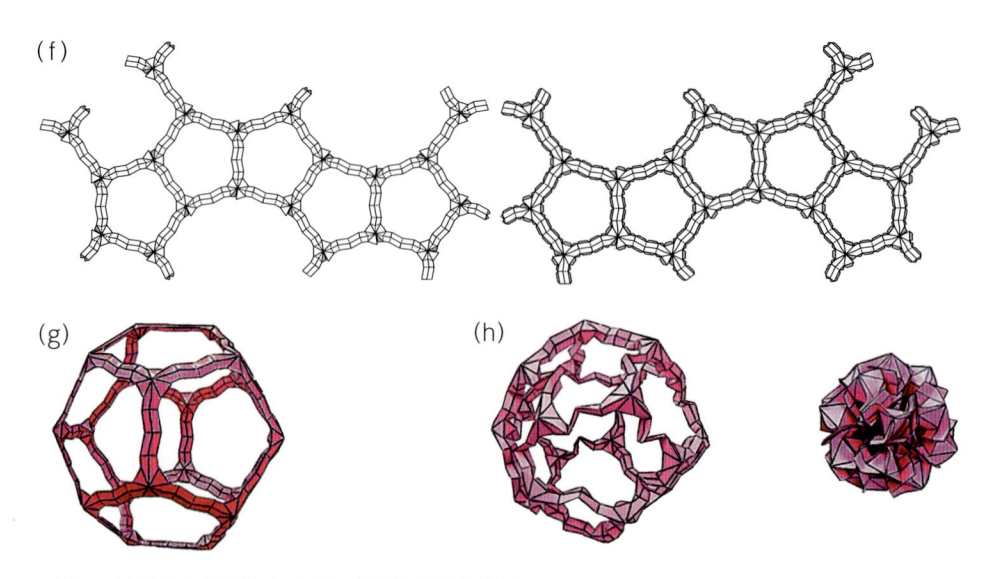

図5.9 枝部分の折り畳みができる正12面体構造，
(続き)　(f)〜(h)稜線部の折り畳み可能なモジュールの展開図とその折紙模型，および折り畳みの過程と折り畳み後の様子

　正20面体の頂点数は12，面の数は正3角形が20で，一つの頂点に集まる稜線と面の数は5である．この頂点部分を5本の分枝構造にした展開図と分枝モジュールの折紙模型を図5.10(a)(b)に示す．分枝の中心は20°毎に分割し，中心角を正3角形の内角60°の5個分として300°としている．モジュールを12個繋ぐと正20面体の骨格になる．これを一体化した展開図の一例を図5.10(c)に示す．外側だけを折ったものと貼り合わせ後の完成模型を図5.10(d)(e)に示す．折り畳みのできる正20面体の骨格構造を一体化して作る展開図を図5.10(f)に，その模型と折り畳みの様子を図5.10(g)(h)に示す．

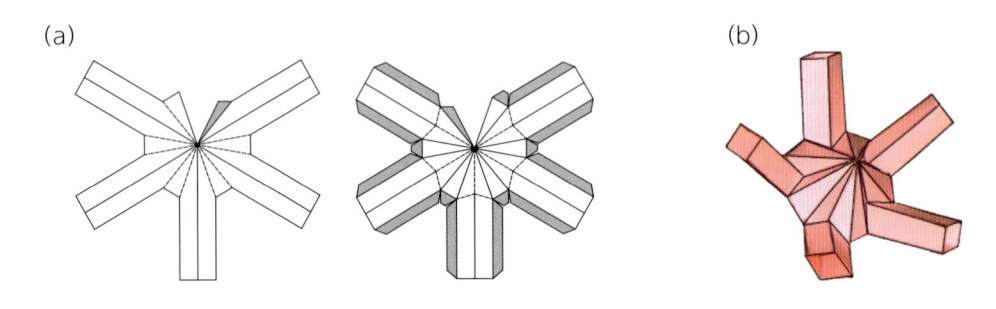

図5.10 正20面体の骨格構造(折り畳み不可)，
　　　　(a)(b)頂点部分を5本の分枝構造として描いたモジュールの展開図と折紙模型

78　第5章　分枝構造を用いた応用構造

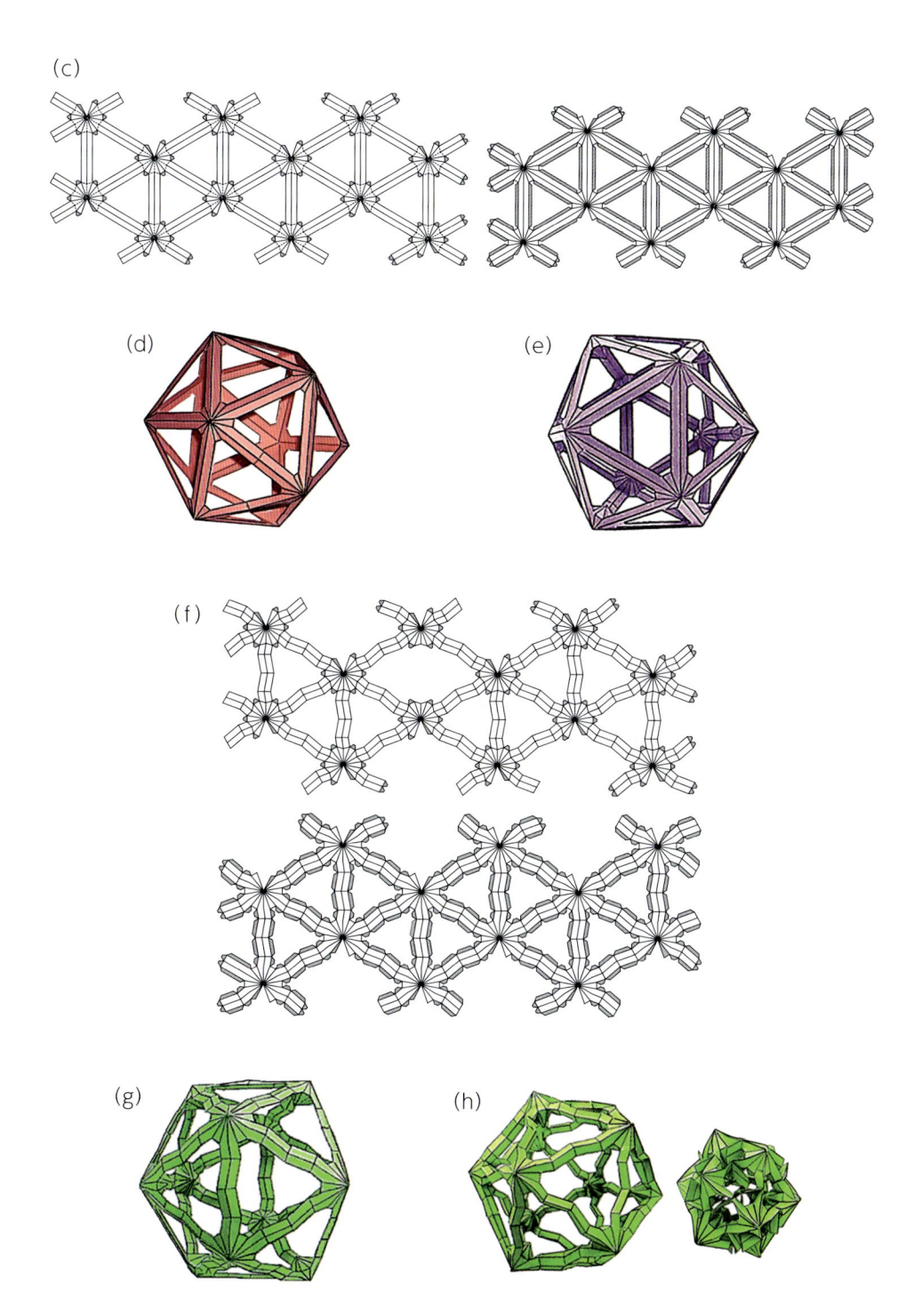

図5.10 正20面体の骨格構造（(c)～(e)折り畳み不可の基本構造，(f)～(h)折り畳み可能な
(続き) 構造），
(c)～(e)骨格構造を一体で作る展開図とその折紙模型（(d)外側構造，(e)内外パーツ
を貼り合わせた完成模型），
(f)～(h)稜線部の折り畳み可能な正20面体の骨格を一体で作る展開図，模型および
その折り畳みの過程と折り畳み後の様子

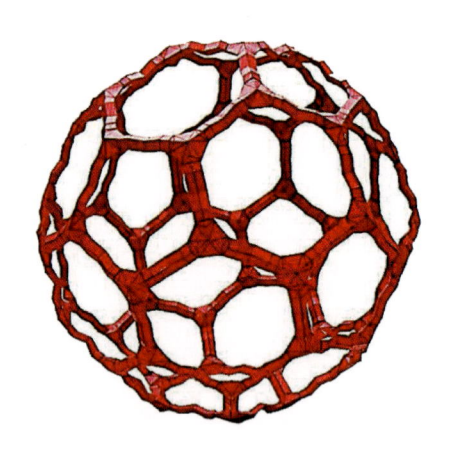

折り畳みのできるサッカーボールの折紙模型
京都大学・杉山文子氏デザイン・製作

第6章

準対称の貼り合わせによる折紙構造

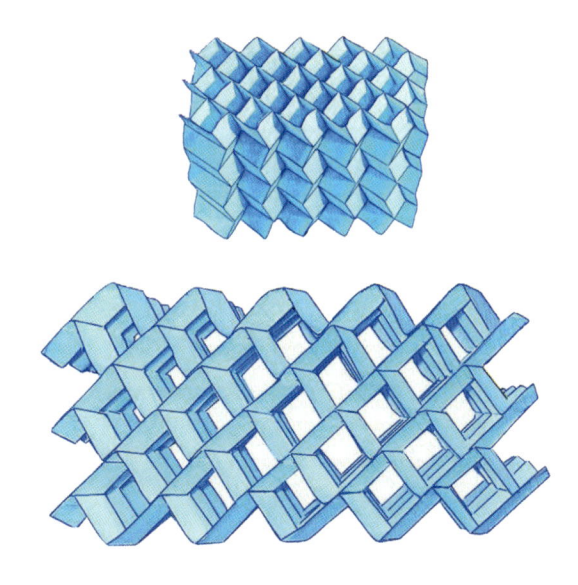

第6章 準対称の貼り合わせによる折紙構造

6.1 平面折りの積み重ねによる角筒の繋ぎ合わせ

　ジグザグの平面折りの周期を交互に極く少量ずらすことにより2枚のジグザグ面を貼り合わせることができる．ここではこれを準対称貼り合わせと呼ぶ．この展開図と折紙模型の例を図6.1(a)(b)に示す．この展開図の鉛直方向のジグザグの折り線は等間隔ではなく，薄墨分だけ交互に広くしたもので構成されている．2枚の展開図は同じもので，裏面どうしを薄墨部で接合する．展開図をジグザグに折り2枚の紙を図6.1(c)の模式図のように配置し，接触部(薄墨部)を貼り合わせる．図6.1(d)(e)はこれを1枚の紙で作れるようにしたものの展開図と模型で中央の垂直線で折り返したものである．図6.1(c)のように配置した後，接触部を貼り合わせ，上から押し付けると図6.1(f)のようにジグザグの筒が並

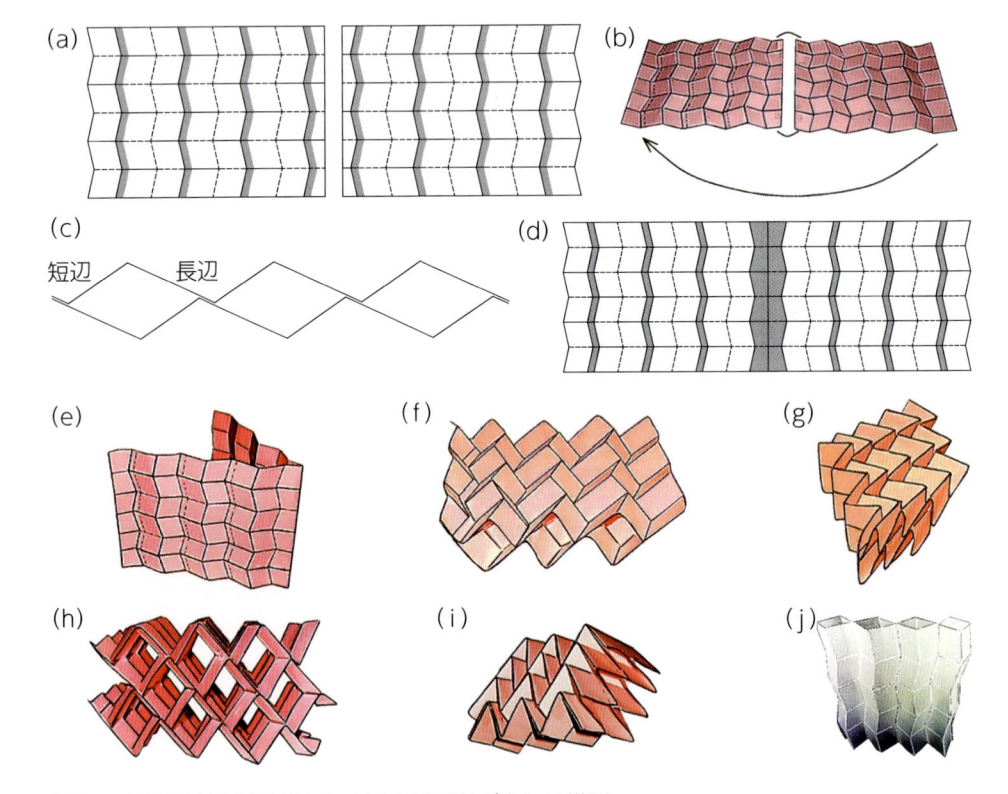

図6.1 平面折りの積み重ねによる角筒の繋ぎ合わせ模型．
　　　(a)(b)ジグザグの平面折りの周期を交互に極く少量ずらした展開図の裏面どうしを
　　　　貼り合わせ，
　　　(c)貼り合わせ時の配置の模式図，
　　　(d)(e)一枚の紙を中央の垂直線で折り返し後，貼り合わせ，
　　　(f)(g)作られた折紙模型と折り畳みの様子，(h)(i)積み重ねは何層でも可能，
　　　(j)簡易に折り畳めるプラスチック製試作品(1m大，プチプチ製，川上産業提供)

んだ折紙模型が得られる．この折紙模型は図 6.1(g)のようにあたかも 1 枚の紙のように平坦に折り畳まれる．この積み重ねは何層であっても折り畳みは容易にできるため，高効率の収納可能な 3 次元の折り畳み構造が作られる(図6.1(h)(i))．図6.1(j)にこの模型に基づく実用的なプラスチック製試作品の例を示す．

6.2 角錐筒の繋ぎ合わせによる扇形および円形構造

2.1 節の鏡面則を用いて得た角錐の展開図(図 4.12(e))についても前節と同じように 2 枚貼りをすることができる．図 4.12(e)の展開図の右半分を 3 つ円周方向に極く狭い隙間を持たせて貼り合わせたものを図 6.2(a)示す．これを 2 枚貼り合わせて折ると図6.2(b)のようになり，この折紙模型は図6.2(c)のように簡単に折ることができ，最終的に平坦に折り畳まれる．半円および円形膜の展開図と折紙模型，折り畳みの過程を各々図 6.2(d)(e)と図 6.2(f)(g)に示す．これらの展開図も鏡面側に従い得られたもので，2.1 節で述べたように中心部を含めた円形膜の折り畳みはできないため，図示した模型は中心部を大きく切り取った環状模型にしている．

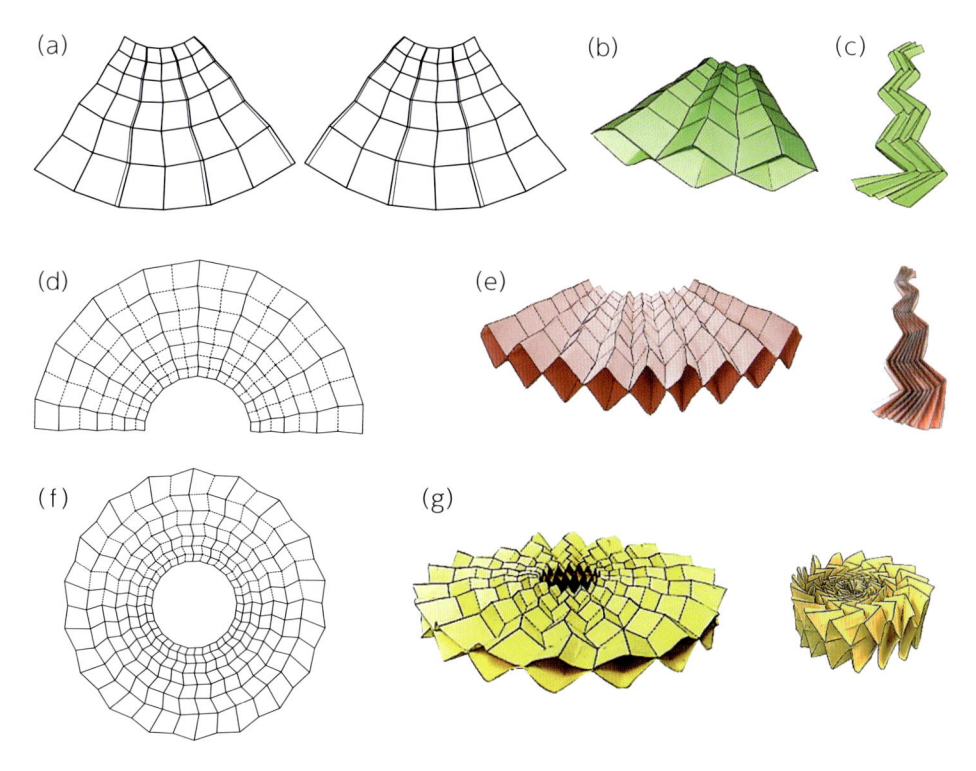

図6.2 (a)〜(c)鏡面則を用いて得た角錐の展開図を基にした扇形の2枚貼り，模型と折り畳みの様子，
(d)〜(g)半円および円形膜の折り畳みの展開図，2枚貼りした折紙模型とその折り畳みの様子

6.3 部分貼り合わせ手法による模型

本節と次節では予め折り目を付けた紙を周期的に貼り合わせ，これを一枚の紙と考えて折る折紙手法について述べる．これによって折り畳みのできる2層構造を設計することができ，新しい造形作品を創出することが出来るのは勿論のこと，層間に空気などを注入して管を駆動するアクチュエータなどの工業製品をデザインする際に応用できると考えている．3つの例を紹介する．

図6.3(a)は短冊の中央に水平の折り線を設け，鉛直方向に角度α（図では75°）で折り線①②③を等間隔aで引き，長さbの空白部を設けたのち，折り線①②③と空白部を繰り返し設けたものである．これを2枚用意し，図6.3(b)に示すように，①②③を各々，谷，山，谷折り線とし，空白部bを（仮止めに）糊付けし，糊付けされたものを折り目入りの一枚の紙と考える（図6.3(c)）．図6.3(c)を模式化したものが図6.3(d)で，図6.3(e)のように折り目部分を蝶番A～Fで置き換えて考える．図6.3(d)を図6.3(f)のように正方形に折ると，外側の紙の蝶番AとC（図6.3(a)の折り目①と③）は伸びて平面状になり，Bだけが直角に曲がる．一方，内側の紙ではすべての蝶番が直角に折れ曲がる．図6.3(a)の空白部に図6.3(g)に示すように新たにβ=30°の谷折り線を設ける．山折り線②はα=75°としたから，α−β=45°となり，この山折り線と新たな谷折り線とのペアで短冊は折り畳み時に(75−30)×2=90°だけ折れ曲がる．図6.3(g)にはこの折れ線のペアが4個あるから閉じる条件[2]を満たす．結果として図6.3(h)のように概略正方形状で4隅に穴の開いた断面が作られ，この筒は垂直方向に折り畳むことができる．図6.3(g)の短冊を高さ方向に積み上げると，折り畳みができる概略正方形状の筒の展開図になる．外筒と内筒のみの折紙模型およびこれらを組み合わせた2層筒を図6.3(j)に示す．これは著者が過去に提案した反転螺旋型の多角形筒の折り畳み法を基にしたものである[2]．

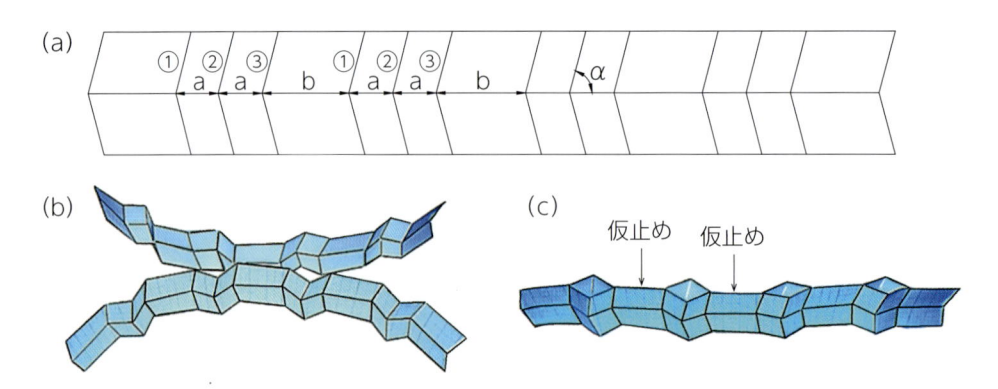

図6.3 折り目を予め設けた2枚の紙の部分的な貼り合わせ（一枚の紙とした取扱い），
(a)鉛直方向に75°で設けた3本の折り線群と空白部を組み合わせた展開図，
(b)(c)空白部を仮止め

第6章 準対称の貼り合わせによる折紙構造

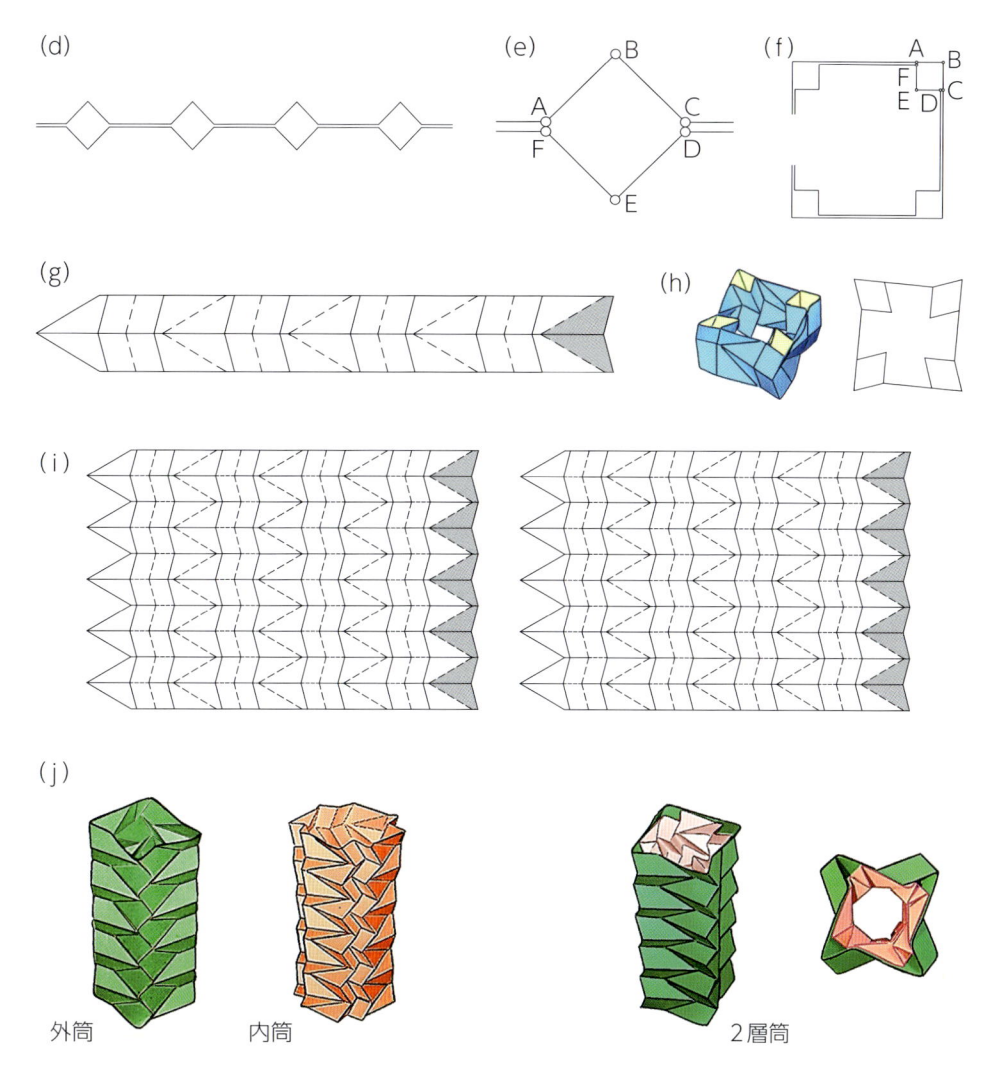

図6.3 折り目を予め設けた2枚の紙の部分的な貼り合わせ，
(続き)
(d) 図(c)の模式図，
(e)(f) 折り目部分を蝶番A〜Fで置き換え，折って正方形を形成，
(g) 空白部に新たな$\beta = 30°$の谷折り線を設けた短冊，
(h) 4隅に穴の開いた概略正方形状の折り畳み可能な1段のみの2層の筒，
(i)(j) 図(g)を高さ方向に積み上げた展開図と作られた外筒，内筒およびこれらを組み合わせて作られた垂直方向に折り畳みのできる多段の2層筒の折紙模型

　上述の部分貼りつけ法を用いて，6角形状の折り畳み筒をデザインしたものが図6.4(a)(b)で，各々内筒と外筒の展開図である．内筒の薄墨部分が仮止め部で図6.4(a)と(b)のαとβを各々75°，45°とした．これらの角度の折り線のペアで，折り畳むと$(75 - 45) \times 2 = 60°$だけ短冊が折れ曲がる．図6.4(a)(b)の展開図には6つのペアの折り線が配置されているため，折り畳み時の閉じる条件[2]が満たされ，6角形状の星形で平坦に折り畳まれる．ここで，図6.4(b)の

外筒の展開図では，引き伸ばされる図 6.3(a)で示した折り線①③は描いていない．この折紙模型の側面と上面の様子を図6.4(c)(d)に各々示す．図6.3では仮止め後に 2 層の筒を製作すると述べた．しかしながら，内筒，外筒は図 6.4(e)(f)に示すように個別に折り畳むことができ，かつ，それらは仮止め部で完全に接触した状態で変形するから原理的には内，外筒を糊付けする必要はない．すなわち，内筒を作った後，外筒をかぶせるようにして作ることもでき，そのようにすることで折紙模型の製作がより容易になる．

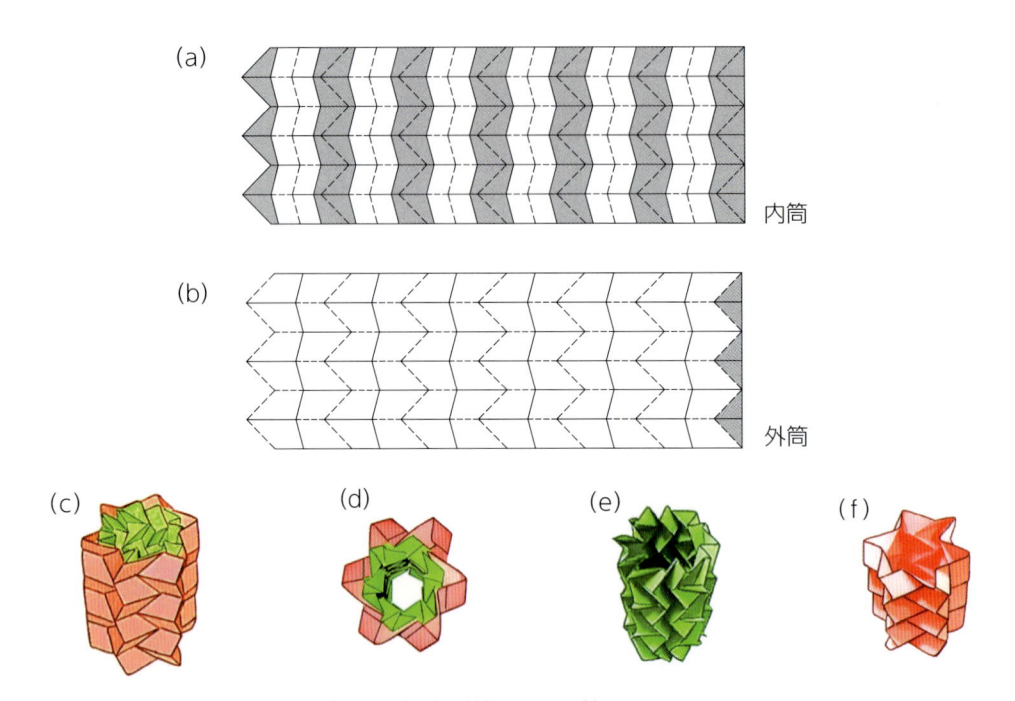

図 6.4 軸方向に折り畳み可能な星形6角形状の2層の筒，
  (a)(b)内筒と外筒の展開図，内筒の薄墨部が仮止め部，$\alpha = 75°$，$\beta = 45°$，
  (c)(d)2層の筒の折紙模型の側面と上面の様子，
  (e)(f)内筒，外筒は個別に折り畳み可能，外筒を内筒にかぶせると展開図の薄墨部が完全に接触した状態で垂直方向に折り畳み可能

部分貼り合わせ折紙の別のタイプの例として 3.5 節で述べた単一蝶番法による折り畳み模型を2層にすることを考える．ここでは最も簡単な4隅に穴のあいた正方形状に折り畳まれる模型作りを考え，その概念図を図 6.5(a)に示す．この模型の外筒(A)と内筒(B)を一段だけで表すと図 6.5(b)のようになる．正方形状に折るため，鉛直方向のすべての折り線は水平軸と45°とし，展開図は左右対称形である．これらの展開図で作った模型は各々図 6.5(c)のように折り畳まれる．図6.5(b)の短冊を鉛直方向に積み上げたものが図 6.5(d)の展開図である．これを貼り合わせて折ると筒の半分が出来る(図 6.5(e))．2 層の筒はこれを一段ず

らして貼り合わせて作られる(図6.5(f)(g))．外筒Aの薄墨部は図6.5(a)のAとBの接触部で糊付け部であるが，工作時の仮止め程度とし，しっかりと接合する必要はない．

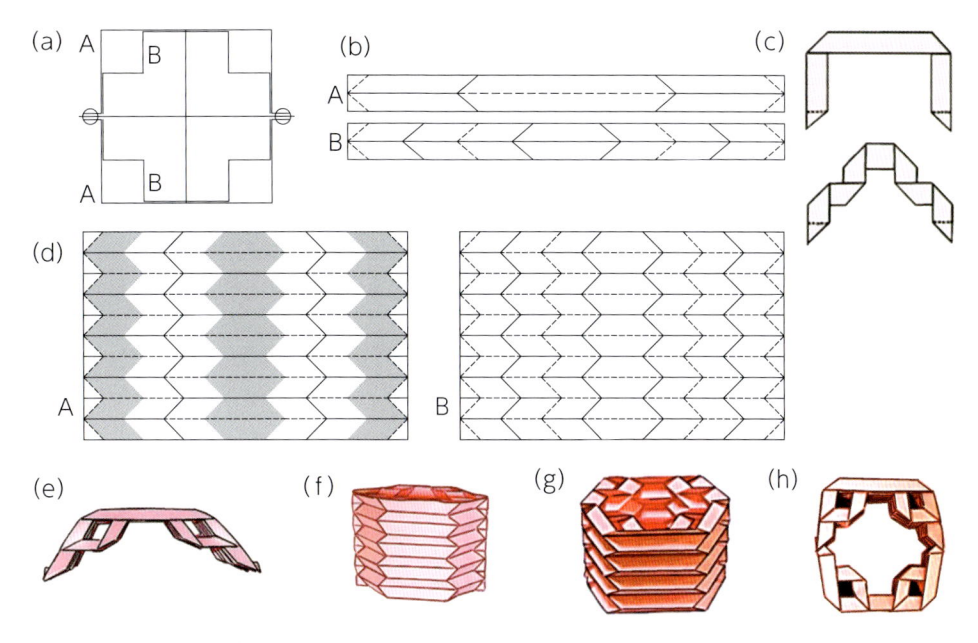

図6.5 単一蝶番モデルによる2層の筒の折紙模型，
(a)〜(c) 4隅に穴のあいた正方形状に折り畳まれる模型の概念図，外筒と内筒の一段だけの展開図の短冊上での表示と折り畳み後の状態，
(d) 図(b)の短冊を鉛直方向に積み上げた外筒と内筒の展開図，
(e) 折紙模型の半分の様子，
(f)〜(h) 図(e)を貼り合わせて作られた4角筒の側面と上面の様子

6.4 長尺の筒と角錐筒の2層化

図3.15(a)のジグザグ形で折り畳みができる長尺の正方形断面筒を2層の構造にする折紙模型の概念図と折り畳みの過程を外筒A，内筒をBとして図6.6(a)(b)に示す．このような折紙模型を作る展開図を図6.6(c)(d)に示す．図6.6(d)の内筒には，折り返してV字形の溝を作る2本の折り線を図6.6(c)に新た

図6.6 長尺の矩形断面筒や角錐筒を2層構造にする折紙模型の概念図((a)(b))

に2組追加している．図6.6(e)の内筒の折紙模型は図6.6(f)のように折り畳まれ，結果として，単層の角筒のように内，外筒が一体化して折り畳まれる(図6.6(g))．前節の模型と同様，必ずしも内外層を強固に糊付けする必要はない．断面の隅に作られる2本の穴に空気などの気体を注入・吸引することでこの4角管を自在に伸縮出来るのではと考えている．

　図4.8の角錐筒を2層構造にする折紙模型の展開図を，外筒と内筒について図6.6(h)(i)に各々示す．これらの展開図は基本的に同じもので，図6.6(i)には鉛直方向に2本の折り線が付加されており，図6.6(h)の台形要素の上下辺の中点を結んだものである．この簡易な作図法では，新たに設けた節点(台形要素の中点)での折り畳みの補角条件は厳密には満たされないが(凡そ0.6％程度の誤差)，簡便性を考慮すれば十分に許容できる近似である．この展開図より得た折紙模型を図6.6(j)(k)に示し，図6.6(i)に導入された2本の谷折り線が内筒の凹んだ溝を作る．図6.6(k)の内筒は図6.6(l)のように折られ，この2層の角錐状の筒(図6.6(m))は薄い素材のときにはあたかも単層の筒のように折り畳まれる．

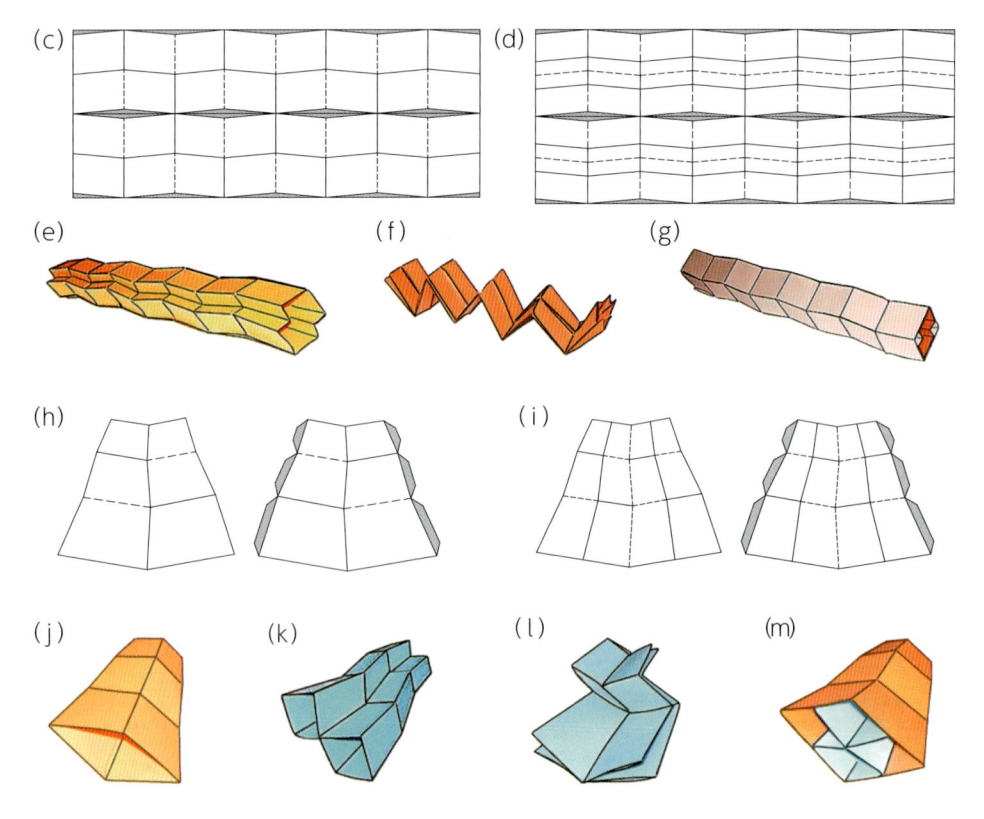

図6.6　長尺の筒と角錐筒の2層構造の折紙模型．
(続き)
　　　　(c)〜(f)外筒Aと内筒をBの展開図，内筒の折り畳みの様子，
　　　　(g)2層筒，隅の貫通穴に空気を吸引・注入して伸縮・展開，
　　　　(h)(i)外筒と内筒の展開図(段の縮小率0.75，振り角1°，展開図頂角20°×2)，
　　　　(j)〜(m)内，外筒の折紙模型と折り畳みの様子

88　第6章　準対称の貼り合わせによる折紙構造

第7章

直線や曲線の
折り畳み模型の組み合わせによる
応用模型

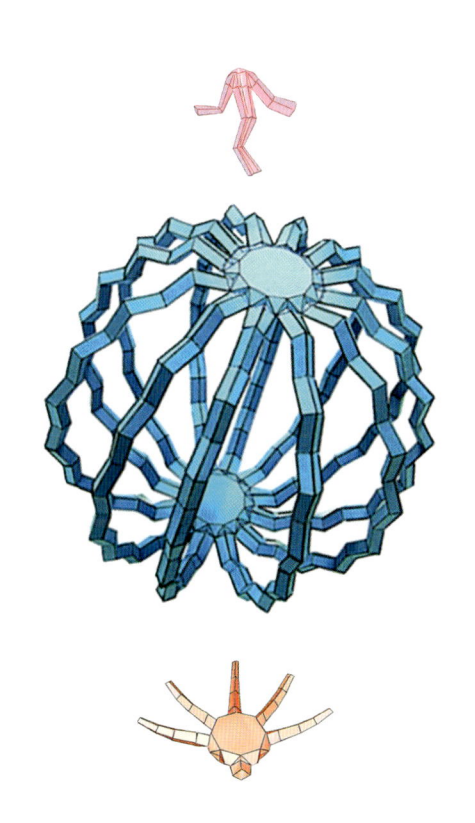

第7章　直線や曲線の折り畳み模型の組み合わせによる応用模型

　第3～6章で作られた角筒や角錐形状筒あるいは分枝モジュールを繋ぎ合わせたり組み合わせて，より複雑な折紙模型のモデル化を行う．ここでは，これらの折紙模型について述べる．

7.1　水圧や空気圧などで駆動して収縮/展開されることを考えた3次元模型

　図4.2(a)のジグザグに折り畳める円弧状の筒と図5.2(a)の亀の子モジュールを糊付けあるいは差し込んで組み合わせると折り畳みのできる球状の骨組み構造が作られる．これらの展開図と模型を示したものが図7.1(a)(b)で，組み合わせる過程と，作られた折紙模型を図7.1(c)(d)に各々示す．この概略球状の骨組み構造の円弧部分は上下に配置された亀の子モジュールに挟まれるように折り畳まれて収納される(図7.1(e))．ジグザグに折り畳める円弧部品や亀の子モジュールは，より細かな配置にすることができる．亀の子モジュールを8角形および12角形にした折紙模型を図7.1(f)(g)に示す．

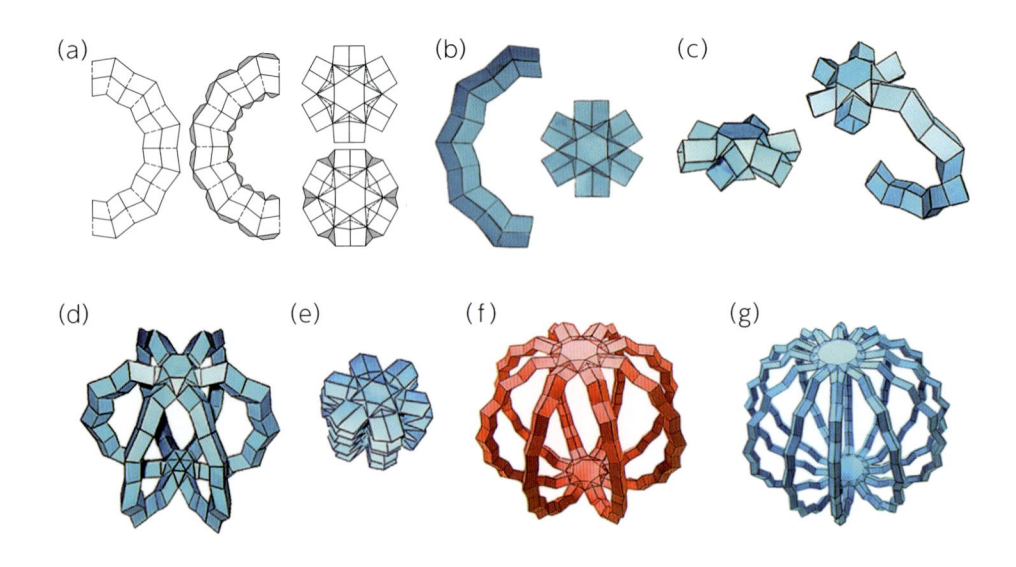

図7.1　基本要素の組み合わせによる応用模型，
　　　(a)(b)ジグザグに折り畳める円弧状の筒と亀の子モジュールの展開図，それらの折紙模型，
　　　(c)(d)球状の骨組構造の組み合わせ手順と組みあげ後の折紙模型，
　　　(e)亀の子モジュールにすっきりと挟まれて収納される骨格模型，
　　　(f)(g)亀の子モジュールを8角形および12角形にした細かい模様の折紙模型

円弧モジュールと十字モジュールを組み合わせると図 7.1(h)のような構造が作られ，この構造も効率よく収納される(図 7.1(i))．このような構造は空気圧や水圧で収縮や展開が容易にでき，またパーツやモジュールの製作と接合は汎用のプラスチックの成型技術で可能であると考えられるから，このような折り畳み製品が改良されて製品化されることを期待している．

　図7.1(d)の骨組みから上面の亀の子モジュールを取り去ると，図7.1(j)のような鷲掴みする人の掌と指を連想させる模型になる．人の手の動きを摸擬することを意図してデザインされた掌と指の展開図を図7.1(k)(l)に示す．これらを2枚貼りした後，組み合わせて作られた模型を図 7.1(m)(n)に示す．このような模型を改良することでロボットの掴み装置などに改良・進化させたいと考えている．

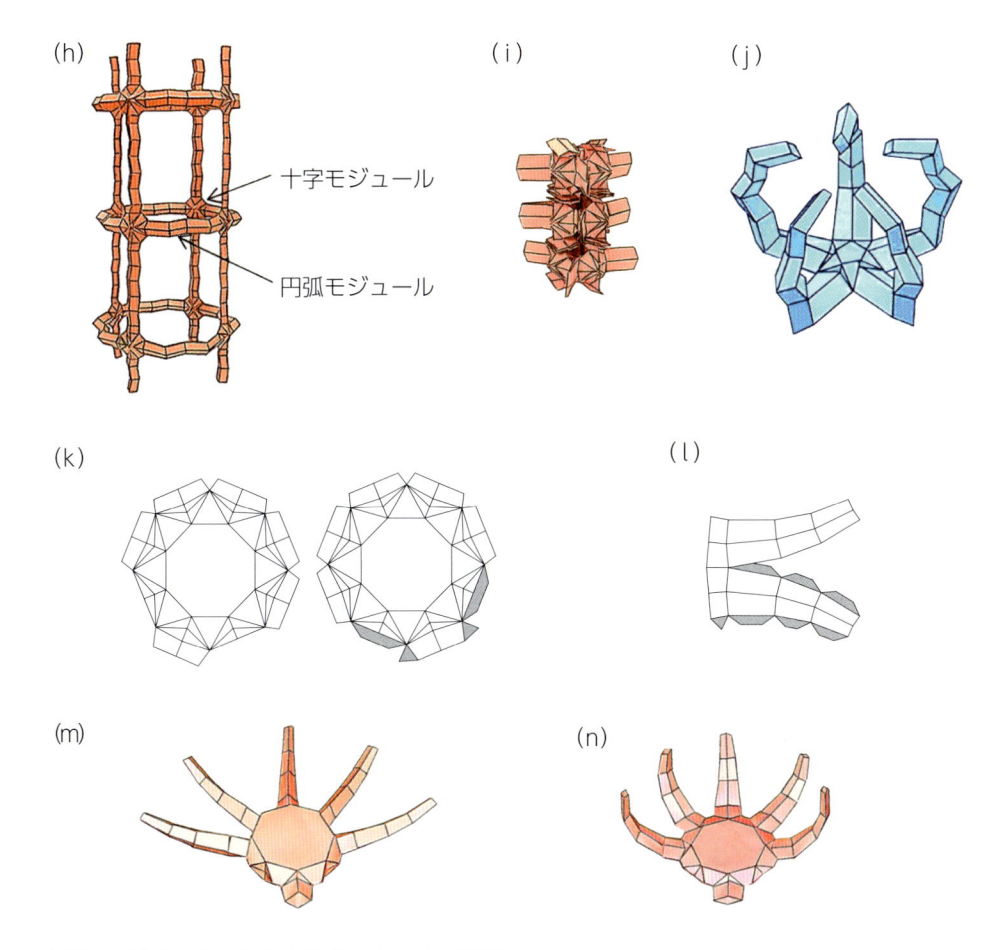

図7.1 基本要素の組み合わせによる応用モデル，
(続き)
　　(h)(i)円弧と十字モジュールを組み合わせて作られる円柱形の骨組構造と効率よく収納される様子，
　　(j)球状の骨組み構造の上部の亀の子モジュールを取り去った模型の様子，
　　(k)〜(n)鷲掴みする人の掌と指を想定した模型の展開図と作られた折紙模型

7.2 多面体の稜線を繋いで作る折り畳み可能な3次元の網目構造

ジャングルジムのような3次元の網目状の構造をデザインできれば，種々の産業応用が期待できると思われる．しかしながら，平面の展開図を貼り合わせる本書の手法でこのような構造を製作することは困難であり，この手法の限界でもある．ここでは5.3節の正4面体や立方体などの折り畳み模型を作った手法を転用して，最初，立体的なジグザグ面状の網目構造を作り，これを構造要素として積み重ね，3次元の網目構造を作る方法を採用する．

(a) 正4面体の稜線に基づく模型

図5.5を参考にして正4面体の頂点を作るパーツの展開図として図7.2(a)～(c)を用いる．図7.2(a)(b)と(b)(c)の貼り合わせで，各々頂点が尖ったモジュールⅠと凹んだモジュールⅡが作られ，これらを図7.2(d)(e)に示す（パーツ(a)と(b)を各々外側，内側にしてモジュールⅠ，パーツ(c)と(b)を各々外側，内側にしてモジュールⅡが作られる）．これらのモジュールを図7.2(f)のように正4面体を作る場合とは逆の方向に貼り付ける．この時，尖ったモジュールを下向き，凹んだモジュールを上向きとする．このようにして作られたジグザグの折紙構造の側面と上面の様子を図7.2(g)(h)に示す．図7.2(g)のA～Dが正4面体の頂点をなし，点 A-B-D-E-F-G-A を結んだものが正8面体の稜線になる．す

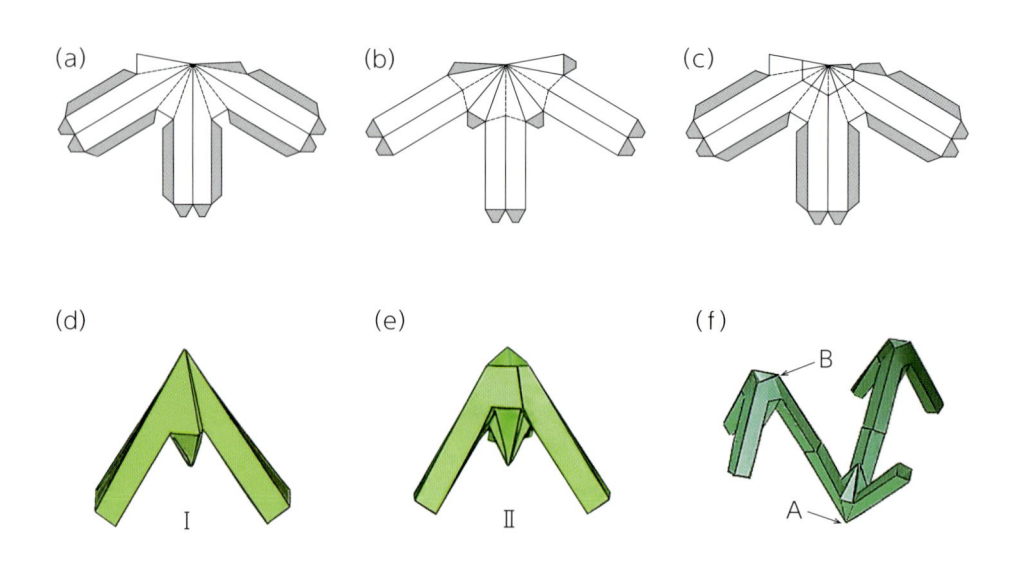

図7.2 正4面体の稜線に基づくモジュール模型(折り畳み不可)，
(a)～(e)展開図と作られたモジュール，
(a)(b)の貼り合わせで図(d)の尖った頂点のモジュールⅠ，展開図(b)(c)の貼り合わせで図(e)の凹んだモジュールⅡを作成，
(f)正4面体を作る場合とは逆方向に貼り付け

なわち，これは正 4 面体と正 8 面体を組み合わせて作られた構造である[25]．このジグザグの骨組構造は図 7.2(i)に示すように，正 3 角形の底面(薄墨部)を網目状に並べた正 4 面体群のジグザグの奥行方向の稜線①と横方向の 2 本の稜線②を組み合わせたものになっている．このジグザグ構造の積み重ねで 3 次元の網目構造が作られている．この積み重ねは図 7.2(j)に模式的に示すように，ジグザグ構造の下を向く尖った頂点を下段の凹んだ頂点に配置することによる．1 段だけのジグザグ面の折紙模型を図 7.2(k)に，これを積み重ねて 2 段にした模型を図 7.2(l)に示す．

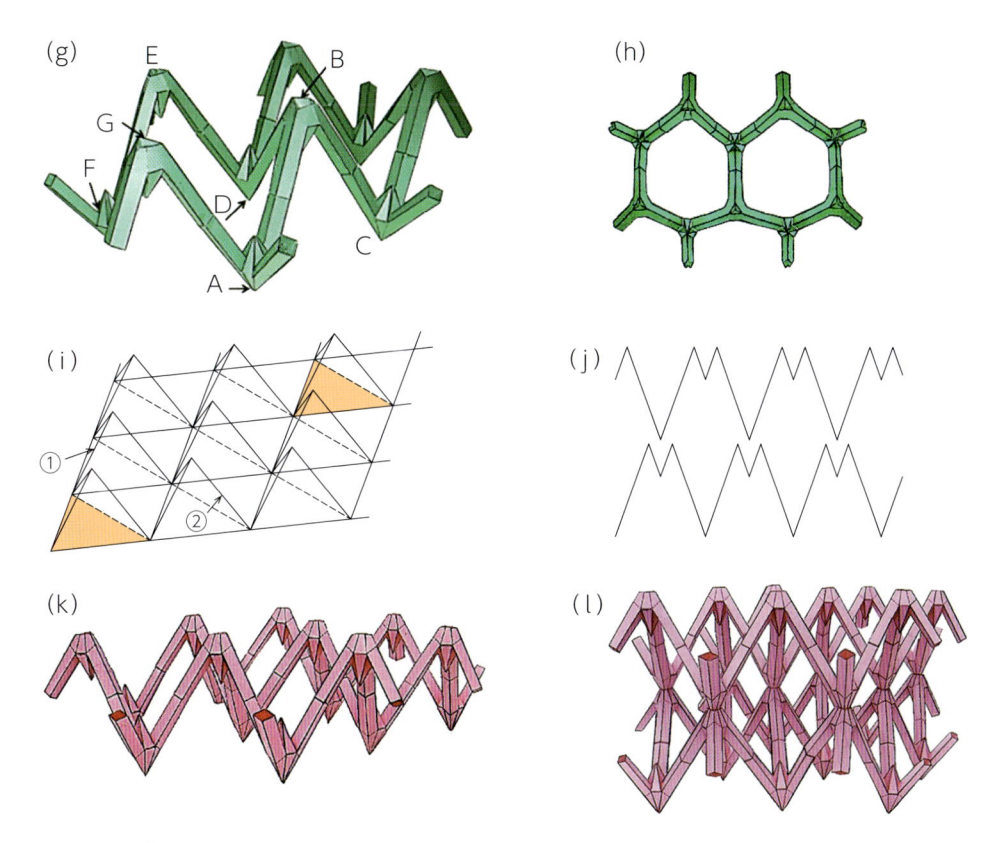

図7.2 (g)(h)折紙模型の側面と上面の様子(頂点 A ～ D；正 4 面体の頂点，点 A-B-D-E-F-
(続き)　　G-A；正 8 面体を構成)，
　　　　(i)正 4 面体を網目上に並べたときの稜線①と②の組み合わせで作られる図(g)のジグザグ構造，
　　　　(j)ジグザグ構造の尖った頂点と凹んだ頂点の嵌め込みの模式図，
　　　　(k)(l)1 段だけのジグザグ面と 2 段積み重ねの模型

　この正 4 面体の頂点を作るパーツの枝部分を折り畳み型にしたものの展開図の例を図 7.2(m)～(o)に示す．図 7.2(m)(n)と(n)(o)の貼り合わせで枝部分が折り畳める頂点の尖ったモジュールと凹んだモジュールが作られる．これらのモ

ジュールを図 7.2(g)のように枝部を糊付けして繋ぐ．製作した折り畳み可能な 1 段と 2 段の折り畳み構造を図7.2(p)(q)に示す．2 段の構造を折り畳む過程と折り畳まれた様子を図7.2(r)(s)に示す．

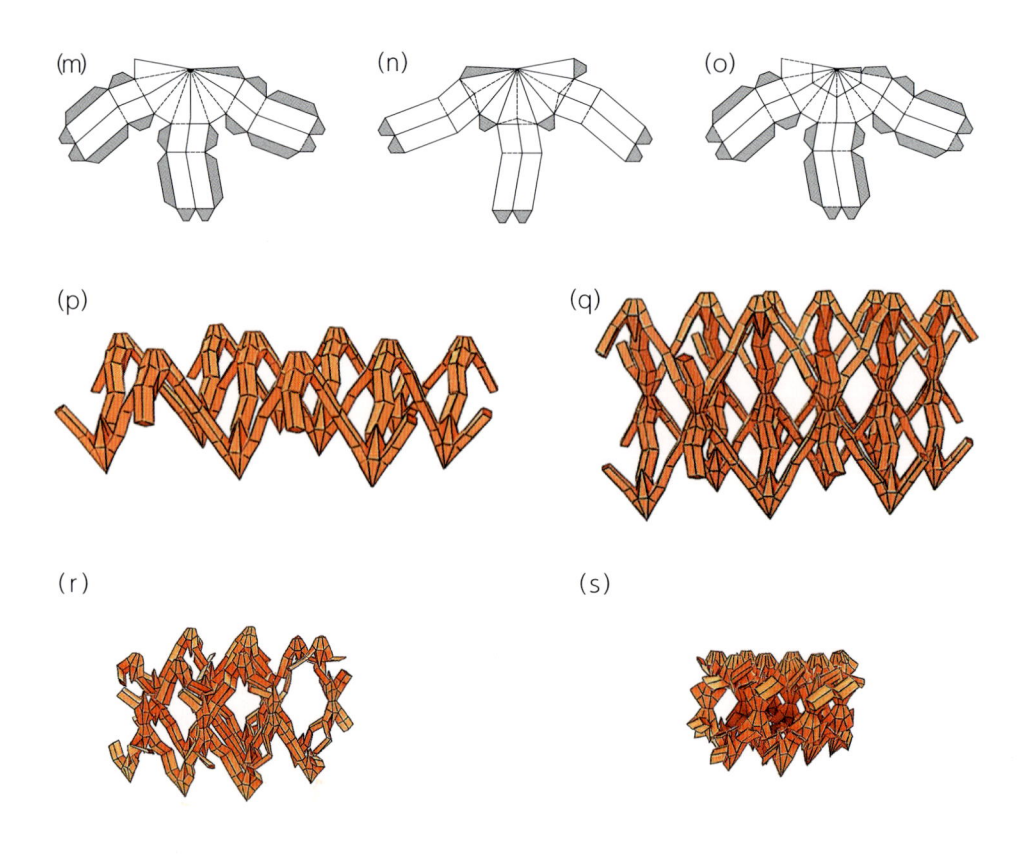

(m) (n) (o)

(p) (q)

(r) (s)

図7.2 枝部分を折り畳み型にしたモジュールと構造の組み立て，
（続き）　(m)〜(o)枝部分を折り畳み型にしたモジュール展開図，
　　　　(p)(q)1段と2段重ねの折り畳み構造，
　　　　(r)(s)2段のジグザグ構造を折り畳む過程と折り畳まれた様子

(b) 立方体の稜線に基づく模型

　立方体の頂点を作るパーツの展開図として図 7.3(a)〜(c)を用いる．図 7.3(a)と(b)および(b)と(c)を貼り合わせて，頂点が尖ったモジュールと凹んだモジュールを作る．これらのモジュールを図 7.3(d)のように枝部が逆の方向になるよう貼り付けて行く．作られたジグザグ面の折紙模型を図 7.3(e)に示す．この骨組み構造は図 7.3(f)に示すように，1 段目は立方体 A，B，C，D……を碁盤目上に一つ飛びに並べ，2 段目は立方体 E のように，1 段目の 4 個の立方体の 4 つの頂点上に下段と同じように周期的に配置したとき立方体の稜線が作る網目のうち太い実線部分だけを取り出したものに対応している．

94　第 7 章　直線や曲線の折り畳み模型の組み合わせによる応用模型

図7.3(e)の骨組構造は図7.3(g)に示すようなT字分枝の結合(図5.1(a)(b))で表される展開図でも製作できる．図7.3(e)を積み重ねると3次元の網目状の構造ができる．2段重ねにした模型の側面と上面の様子を図7.3(h)(i)に各々示す．

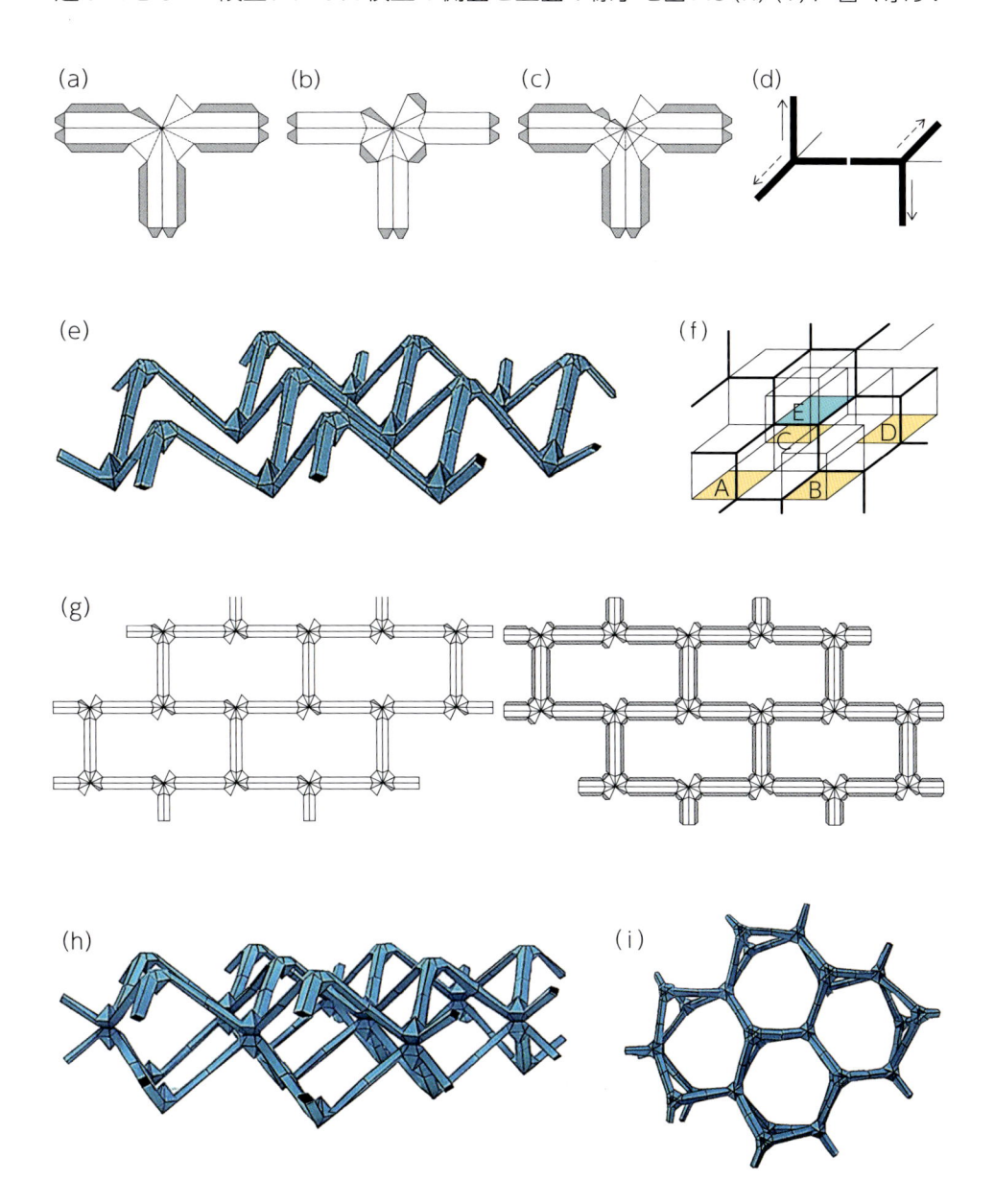

図7.3 立方体の稜線に基づくモジュール模型(折り畳み不可)，
　　(a)～(c)頂点が尖ったモジュールと凹んだモジュールを作る展開図，
　　(d)モジュールの枝部を逆方向に貼り付け，
　　(e)製作されたジグザグ状の構造模型，
　　(f)ジグザグ状の網目構造と立方体の積み重ねの関係の説明図，
　　(g)図(e)の骨組を一体化して作る展開図，
　　(h)(i)2段重ねの模型の側面と上面の様子

この折紙模型の枝部分を折り畳み型にした場合のパーツの展開図を図 7.3(j)～(l)に示す．図 7.3(j)と(k)，(k)と(l)を貼り合わせて折り畳み可能な 2 種類のモジュールを作る．これらのモジュールを用いると図 7.3(n)のような一段のジグザグ模型を作ることができる．このジグザグ模型は図 7.3(m)に示す一体化した展開図でも作られる．これを積み上げると折り畳みのできる網目状の立体構造になる．2 段積み重ねた折紙模型とその折り畳みの様子を図 7(o)～(q)に示す．

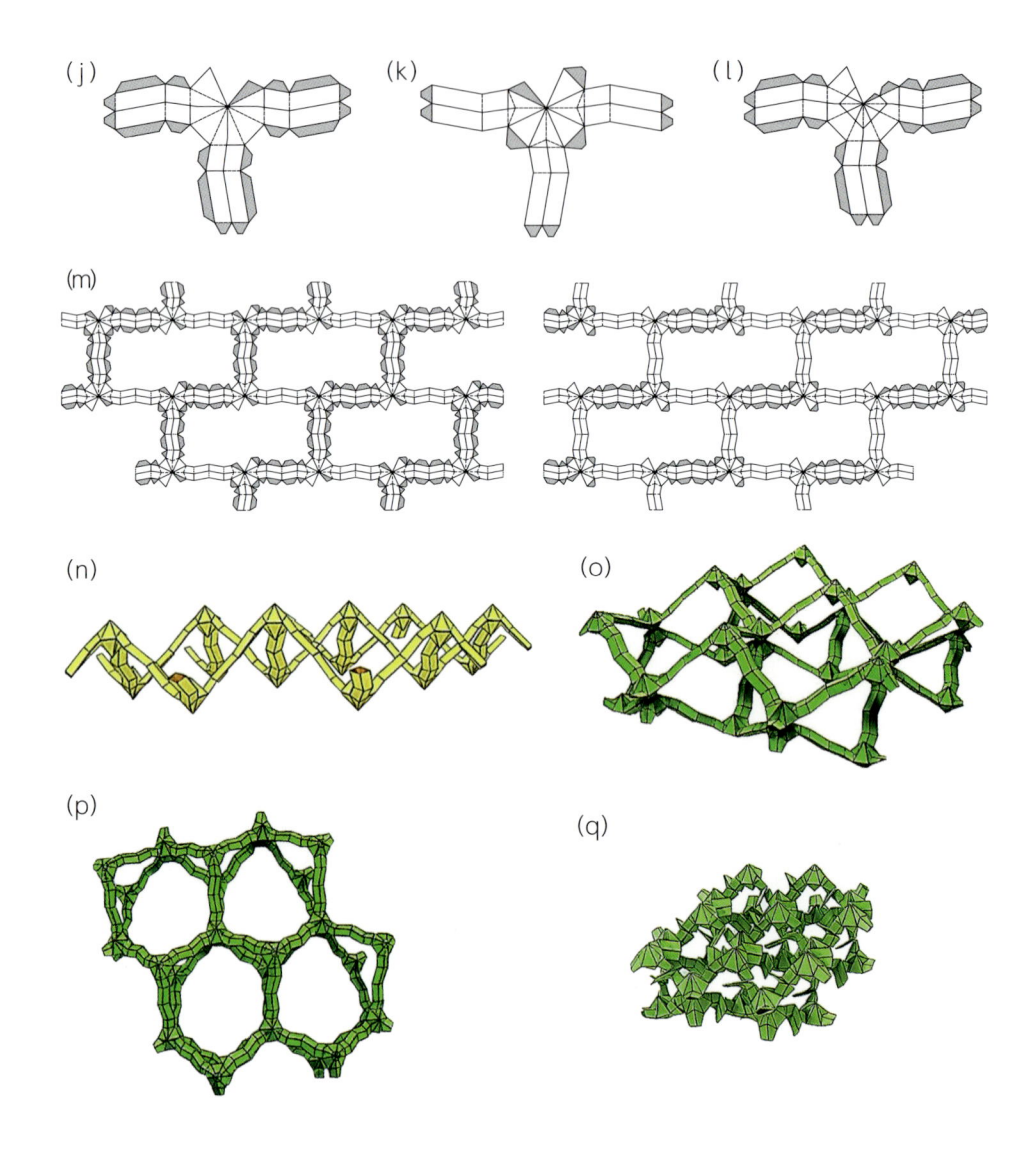

図7.3 (続き) (j)～(l)枝部分を折り畳みにしたモジュールの展開図，
(m)モジュールを繋いだジグザグ構造を一体化させて作るための展開図，
(n)折り畳みのできる一段のジグザグ構造の折紙模型，
(o)～(q)2段重ねの折紙模型の側面，上面からの様子とその折り畳み時の様子

第7章　直線や曲線の折り畳み模型の組み合わせによる応用模型

(c) 切頂8面体の稜線に基づく模型

　正8面体の頂点を作るパーツの展開図として図7.4(a)〜(c)を用いる．図7.4(a)(b)と(b)(c)を貼り付けると，各々図7.4(d)(e)のような頂点が尖ったモジュールと凹んだモジュールが得られる．図は前面を貼り付ける直前の状態で，前面の隙間をなくすよう上から貼り付けると2種類のモジュールになる．ここでは切頂8面体による空間充填形[25]を考慮して図7.4(e)の上部の凹み量を前述の2つの例に比べて大きくしている．立方体のときと同様にして逆方向に繋いでゆくと図7.4(f)のようなジグザグ面状の骨組み構造が作られる．2段重ねにした模型の側面と上面から見た様子を図7.4(g)(h)に示す．図7.4(g)の骨組み構造は，図7.4(i)の正8面体の点線で示された6個の頂点部分(点線部)を切り落とした切頂8面体を積み上げた図7.4(j)の構造の稜線を繋いだものになっている．

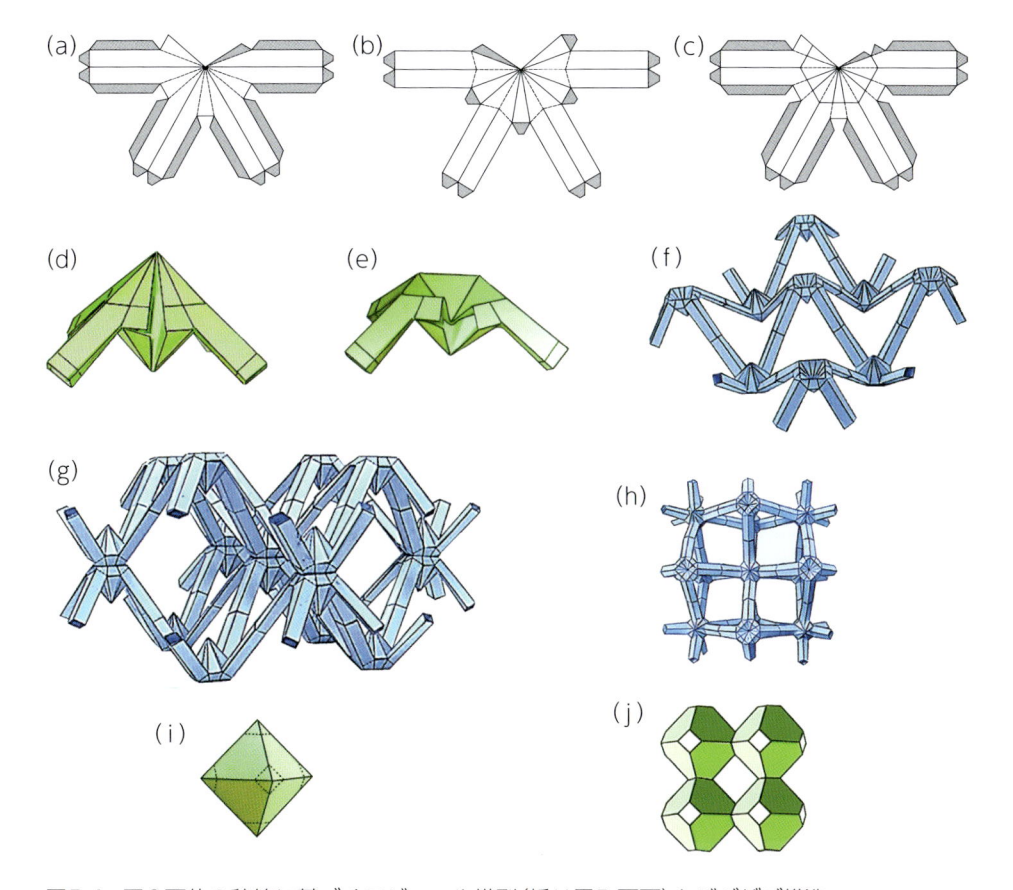

図7.4 正8面体の稜線に基づくモジュール模型(折り畳み不可)とジグザグ構造．
  (a)〜(e)頂点が尖ったモジュールと凹んだモジュールを作る展開図と模型，
  (f)モジュールの枝部を逆方向に貼り付けて製作されたジグザグの網目状の模型，
  (g)(h)2段重ねにした模型の側面と上面からの様子，
  (i)(j)正8面体の点線で示された6個の頂点部分を大きく切り落として作られる切頂8面体を積み上げた空間充填形の稜線を摸擬

この折紙模型の枝部分を折り畳み型にしたパーツを作る展開図を図 7.4 (k) 〜 (m) に示す．頂点が尖ったモジュールと凹んだモジュールを作り，逆方向に繋いで得た折り畳み可能なジグザグ状の構造を図 7.4 (n) に示す．これを 2 段積んだ折紙模型とその折り畳みの様子を図7.4 (o) (p) に示す．

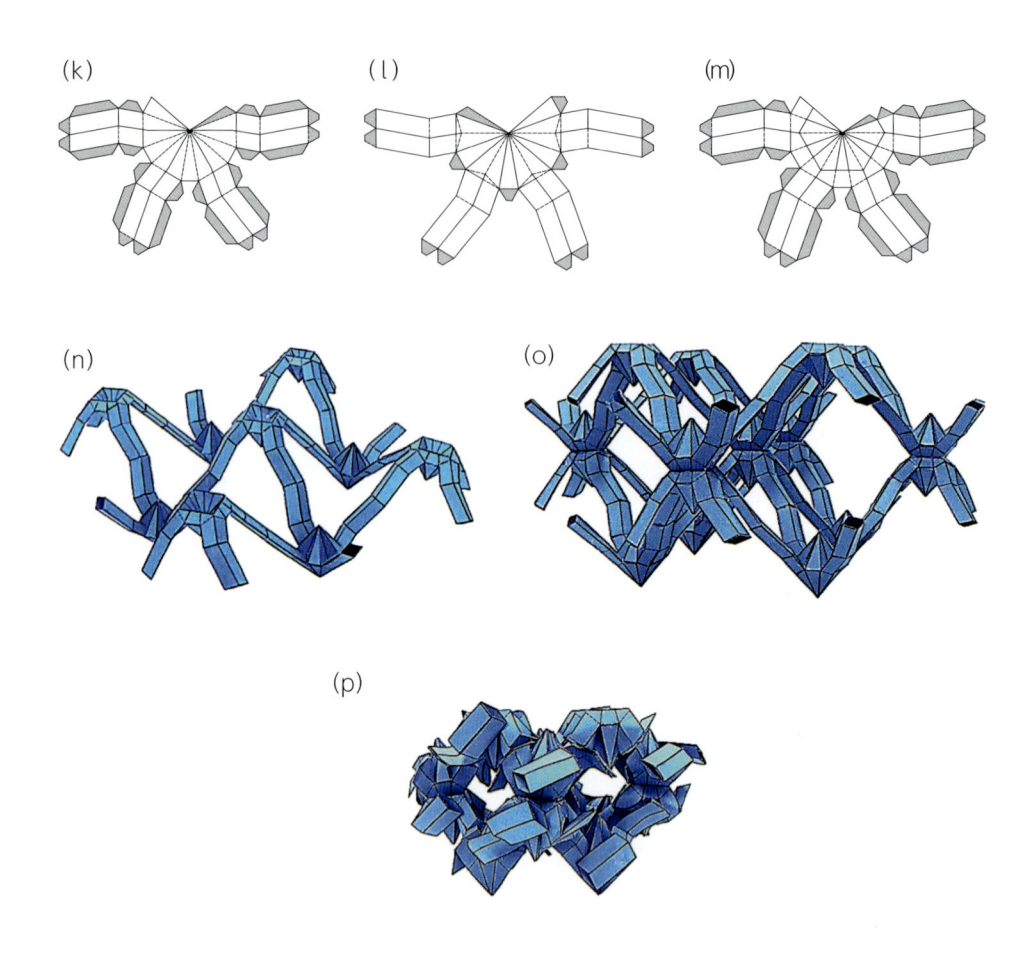

図7.4 正8面体の稜線構造に基づく折り畳みのできるジグザグ構造，
(続く)　(k)〜(m) 枝部分を折り畳みにしたモジュールを作るための展開図，
　　　　(n)〜(p) 1段および2段重ねの折紙模型と2段重ねの折紙模型の折り畳みの様子

7.3 折り畳み式の服飾品のデザインへの応用

　この節では，対称2枚貼りによるT字分枝や，それを変形した分枝構造で作った折紙模型を応用して折り畳みの機能を持つ服飾品をデザインする方法について考える．最初に 4.7 節で大まかに述べた切込みや補助折り線を設けた模型の例，次に前面と後面で折り線模様や切込み量を変える模型，最後に分枝模型の枝部を細かく折り畳む方法とこれによる折紙模型などについて述べる．

(a) 切込み領域の検討と補助折り線の設定

T字および変形したT字形の2枚貼り折紙模型の展開図を図7.5(a)〜(d)に示す．図7.5(a)のように各部分を袖部，胴部と名付け，袖と胴部の中心線の交点を分枝の中心O，袖部の中心の折り線を①とする．4.7節で袖部を胴部に沿うように折り畳むには，図7.5(a)の脇角を谷折り線が2等分するように設けることが幾何学的に必要であることや，分枝の中央上部に切込みやV字のカットを適切に導入すればほぼ無条件に折り畳めることを概説した．

最初，袖と胴部の寸法を図7.5(b)に示すようにそれぞれd_1とd_2とし，これらの大小で区分けして基本的に必要な切込み量を考える．袖部と胴体部が同じ($d_1 = d_2$)場合には，図7.5(b)の谷折り線が分枝の中心点で稜線①と交差するため点Oまで，図7.5(c)の袖部が太い場合($d_1 > d_2$)には，谷折り線と中心線との交点Dが分枝中心Oより下に来るため点Dまでの深い切込みが必要となる．服飾品として用いられる可能性が高い図7.5(d)の胴が太い場合($d_1 < d_2$)には，谷折り線が稜線①と直接交差し折り畳みに影響するため，図7.5(e)の薄墨で示した領域，すなわち谷折り線と①との交点を含む広い領域を削除しなければならない．この切込み法は袖部や胴部が図7.5(f)のように台形の組み合わせであっても折り畳みに極めて有効であり，切込みが許される服飾品の場合には，折り畳みの問題はほぼこのような簡便法で対処できると思われる．

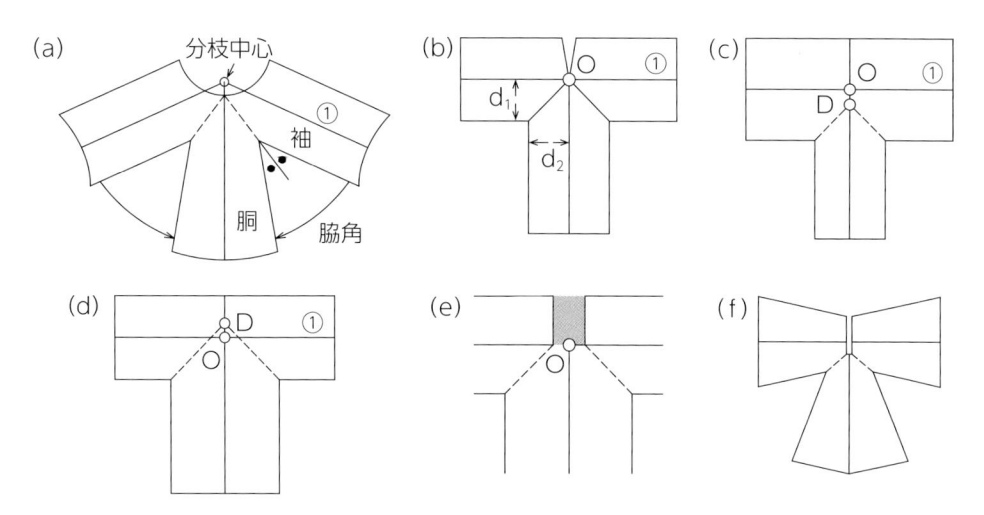

図7.5 袖部が胴部に沿うように折り畳める服飾品の切込みと補助折り線の検討．
　　(a) T字および変形T字形の2枚貼り折紙模型の袖，胴とそれらの寸法および分枝中心の定義，
　　(b) 同寸法($d_1 = d_2$)の場合；分枝中心まで切込み，
　　(c) 袖部が胴体部より太い場合($d_1 > d_2$)；中心軸と谷折り線の交点まで切込み，
　　(d) (e) 袖部が細い場合($d_1 < d_2$)；図(e)の薄墨部の広い領域の切込みが必要，
　　(f) 深い切込み模型の例

しかしながら，服飾品として用いられる可能性が最も期待できる図 7.5(e) の $d_1 < d_2$ の場合の切込み量は大きく，これが自由なデザインの一つの障害になると思われる．図 4.16 で述べた補助折り線法を用いることで，袖部が太い場合のこの問題にある程度対処できる．2，3 の例を示す．図 7.5(g)(h) に示す展開図と模型は谷折り線と稜線①の交点で補助折り線を上方に設ける例を示したもので良好に折り畳まれる（首の部分は糊付けなし）．図 7.5(i) は上と同じ外形の展開図で補助折り線を脇から上部の中央点に引いたもので，図 7.5(j) のように良好に折り畳まれる．これらの展開図の補助折り線の描画法を図 7.5(i) を例に，図 7.5(k) を用いて述べる．図 7.5(k) の脇を 2 等分するように谷折り線②を引き，稜線①との交点を定める．この点から上部中点に③の山折り線を引くと，平坦に折り畳むための条件（補角条件，式(2-2)）より山折り線④が定まる．この節での展開図の補助折り線はすべてこの手法で描かれている．両袖部を台形にした展開図と胴部も台形にした展開図を各々図 7.5(l)(n) に示す．これらの折紙模型も想定以上にうまく折り畳まれる（図7.5(m)(o)）．

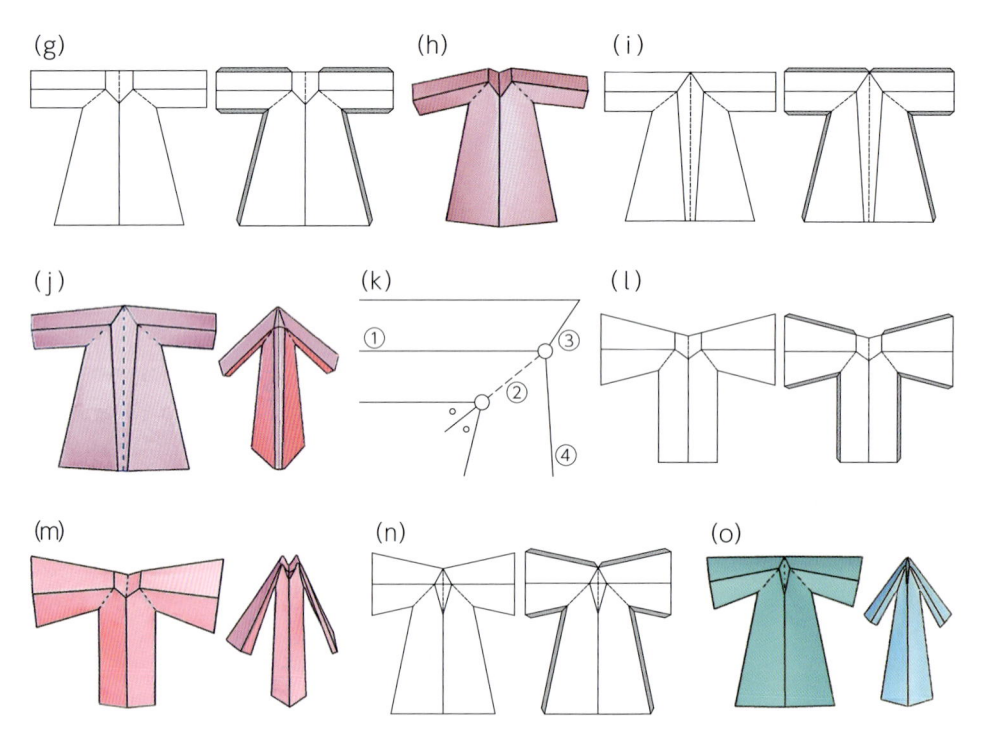

図7.5 袖部が胴部に沿うように折り畳める服飾品の補助折り線の検討，
(続き)
(g)〜(j) 袖部が細い($d_1 < d_2$)展開図に補助折り線を設けて折り畳む例とそれらの折り畳みの様子（製作後，前面と後面は別個に切込み導入可能），
(k) 稜線①と脇を 2 等分する谷折り線の交点での平坦折りのための補角条件を用いた補助折り線の描画法，
(l)〜(o) 袖部や胴部が台形の場合の補助折り線の例

(b) 前面と後面の折り線図や切込みが異なる折紙模型

　上述の図 7.5(g)と図 7.5(i)のように，折り線図は異なるが外形が同じ展開図を前面と後面に用いて貼り合わせても基本的な折り畳みの動作に影響しないため，デザインの幅を広げることができる．この異なる展開図を貼り合わせる例を示したものが図 7.6(a)～(e)で各々前面，後面の展開図，前，後から見た様子および上面の様子を示したものである．

　正方形断面筒を長方形断面にして折り畳む手法(3.6 節(c))を T 字分枝の袖部分に用い，分枝中心を前面と後面でずらした例を図 7.6(f)～(k)に示す．前面の展開図の中央の薄墨部分に切込みを入れたものが図 7.6(f)で，後面には切込みがない展開図(図 7.6(g))を用いている．この折紙模型の様子は図 7.6(h)(i)のようになり，図 7.6(j)(k)のように折り畳まれる．扁平な長方形筒には最終的な折り畳みに寄与しないダミーの補助折り線を(任意に)追加することで図 7.6(l)(m)のように多角形化して丸みをつけることも出来る．この展開図の胴部前面の折り線は模様を作るため設けたもので，折り畳みを考慮して対称形の折り線を採用した．この折り線は必ずしも設けねばならないものではない．

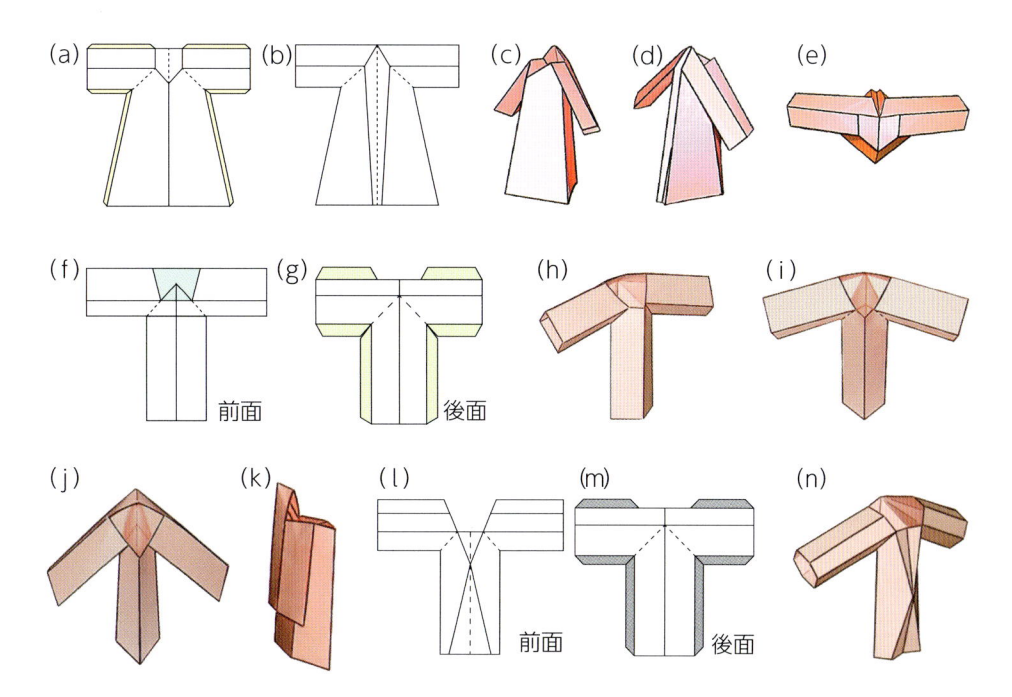

図7.6　(a)(b)外形が同じで折り線模様が異なる展開図の2枚貼り合わせ，
　　　　(c)～(e)折紙模型の前，後から見た様子と上面の様子，
　　　　(f)(g)正方形断面筒を長方形断面に置き換えたT字分枝，分枝中心が前，後面でずれ，前面の中央に大きな切込みを導入(薄墨部)，
　　　　(h)～(k)折紙模型とその折り畳みの様子，
　　　　(l)(m)折り畳みに寄与しないダミーの補助折り線の導入

101

(c) 折り畳み機能を持つ服飾品設計のための折紙模型

図7.5と図7.6で述べたT字やY字分枝は角筒や角錐で作られている．これらの枝部や胴部を更に折り畳みの様式にすることで，より細かな折り畳みのできる服飾品をデザインすることができる．以下に基本的な模型を示す．紹介する模型はまさに着せ替え人形の洋服の域を出ない幾何学模型であるが，このような無機質な模型が一流のデザイナーの手でエレガントな作品に進化することを期待している．著者が開発した等角螺旋を用いた円形膜の巻き取りモデルや角錐殻の軸方向への折り畳みの数理模型が著名なデザイナーのグループにより可憐な服飾品となって命が与えられたように[24]．

図7.7(a)～(f)および(g)～(j)の2つのモデルは前首と後ろ首の形が違う図7.6(h)の模型の袖部と胴部を折り畳み型にしたもので，その展開図を図7.7(a)と(g)に示す．折り畳まれる過程を示した図7.7(b)～(f)および(h)～(j)から分かるように，前者は袖を外側に，後者は袖を脇の下に折り畳むもので，折り畳みの間隔は自由に選択してデザインできる．

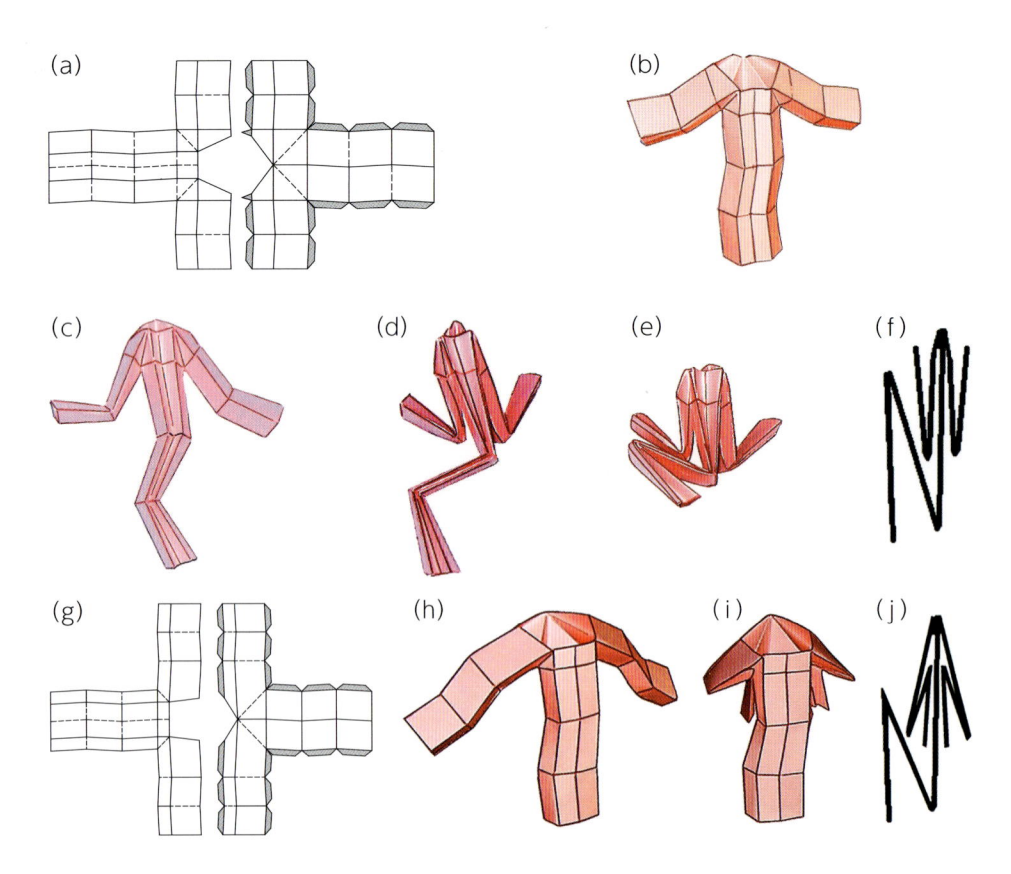

図7.7 袖や胴部の折り畳みができる服飾品のデザイン，
 (a)(g)前首と後ろ首の形が違う模型の2つの展開図，
 (b)～(f)，(h)～(j)各々袖を外側，袖を脇の下に折り畳む模型

図 7.8(a)(b)は胴部を台形状にしたものの展開図と折紙模型で，洋服の形としてはより現実的なものである．図 7.8(b')は外側で糊付けされた模型の例である．これらの模型の基本的な折り畳みの手順と過程は先の例と同じで，図7.8(c)(d)のように折り畳まれ，最終的に矢印が示す方向に平坦な状態に折り畳まれる．

　図 4.12 の折り畳み可能な角錐の筒を 2 個並べて折り畳みのできるパンツをデザインしたものの展開図と折紙模型を図 7.8(e)(f)に示す．ここで一つの要素の角度を 5°の扇形として，これを 4 個並べたもの(合計の頂角 20°)を対として用い，股下部分を切断して貼り合わせている．折り畳みの手順と様子を図7.8(g)～(i)に示す．

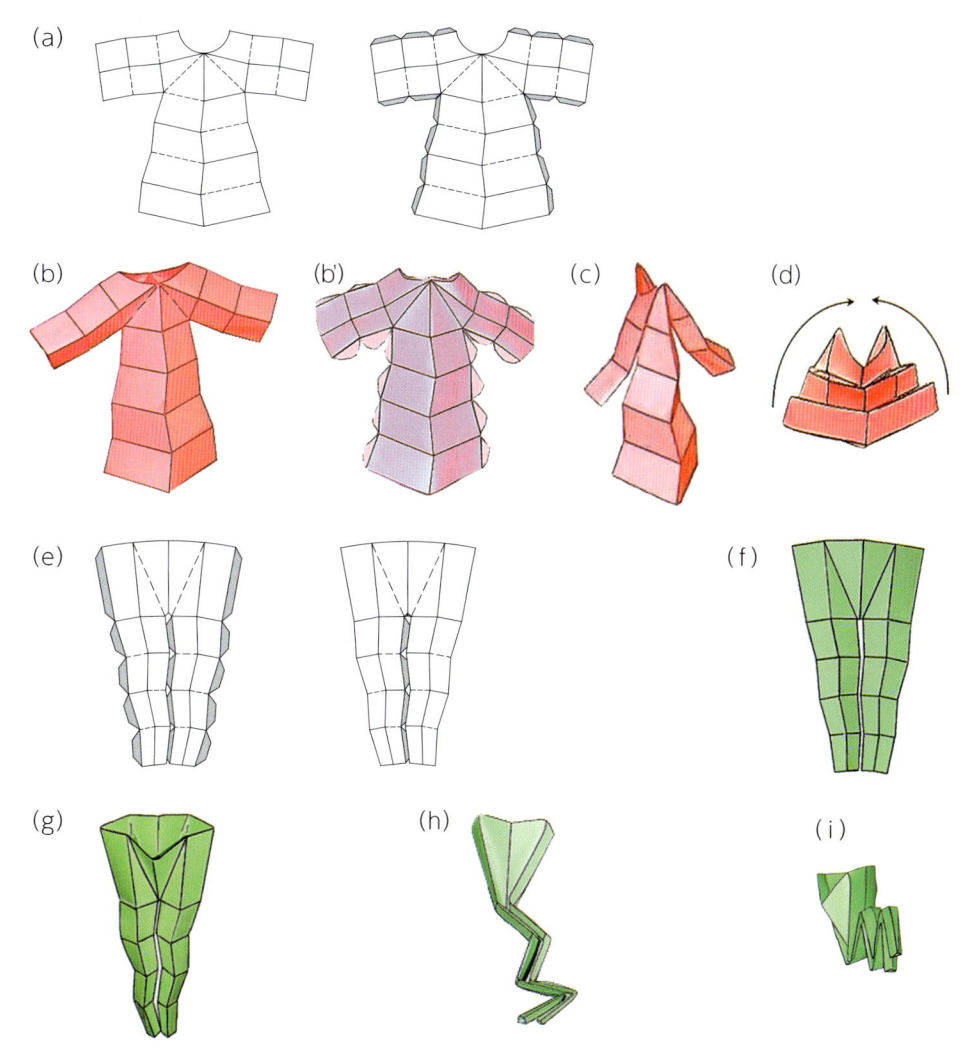

図7.8 胴部を台形状にして細かく折り畳む洋服やパンツの例．
　　　(a)～(d)洋服の展開図，模型と折り畳まれる様子，
　　　(b')外側での糊付けがもたらすデザイン性の広がり，
　　　(e)～(i)角錐の筒を2個並べたパンツを摸擬した展開図，折紙模型と折り畳みの過程

このような筒構造は角錐形状であるが半径方向に折り畳みに寄与しないダミーの折り線を図7.8(j)のように入れると図7.8(k)のように概略円形の断面に近づけることができる．これは最終的に基本の角錐の折り線で図 7.8(l)(m)のように折り畳まれる．

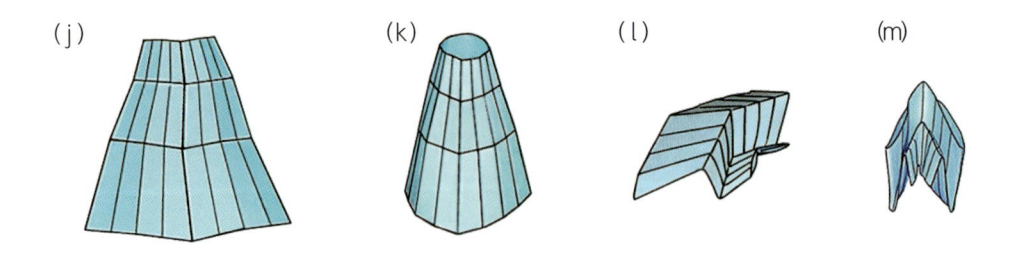

図7.8 (j)〜(m)ダミーの折り線の導入による4角断面の多角形化の例とその折り畳みの様子
(続き)

おわりに

　著者が折紙の工学的な応用を考え，研究を始めてからおよそ 15 年が過ぎた．最初，折り畳み・展開ができる宇宙構造の創出を考慮しながら，円筒や円錐，円形膜やパラボラ面，球の折り畳み構造の数理化を系統的に行い，切紙技術を用いて断面形状を任意に設計できる 3D ハニカムコアと名付けた強靭な軽量構造の折紙模型などを開発した．これらをベースに折紙の工学的な応用をめざした「折紙工学」を 10 年余前に提唱し，京都新聞でこれが最初に紹介された．その後，ネイチャー誌，日米の数紙の日刊紙，特に朝日新聞ではほぼ 1 面にわたる大きな記事で紹介され，折紙の産業応用にそれなりの関心を持ってもらえたと考えている．しかしながら著者の進めようとしてきた折紙を数理化して産業に応用する試みは種々のハードルのため，そのすべてが順調に進んだとは言いがたい．その大きなハードルの一つは複雑で多数の折り目にあると現場の多くの技術者とのやり取りで教えられた．ものづくりに多用されるためには折紙手法の一層の簡素化や分かり易さが必要なのである．

　この間に折紙研究は進展し，今やその実用化をめざして世界中の多くの機関で研究が進められるようになった．しかしながら，数理化の研究でいうならば，進展したように見えるだけで，本質的に大きな進展はなかったように考えている．なぜなら，報告された成果を見るにその多くは想定内の事柄で新鮮さの持つドキドキを強く感じることがまれであるからである．敢えて言うと数式を多用し，多くの人により分かりにくくしただけではないかと思える研究報告が増えたように思う．研究の最終目標は複雑な事象の簡素化や明確化では……？　何かひっかかるのである．折紙は本来もっとわかり易く，面白く，奇抜さに富んだものであるはずである．これが人々をひきつけてきたのであるまいか．

　研究が進むにつれてこの折紙の持つハッとする面白さが益々失われてゆくように感じ，2 年ほど前，一度，原点に立ち戻るべしと考えた．本書のテーマである簡便な 2 枚貼りの可能性を再考してみることにした．これをまとめたものが本書に記述した 2 枚貼り折紙の模型である．この手法で自分でも想像もしなかった幾つかの模型を創出することができた．この折紙手法の最大の良さは少年少女でもわかるほどに簡便な処にある．簡便であるがゆえに，多くの人が挑戦し面白い物が作られる可能性があり，この折紙手法がハードルを越えるツールの一つになるかもしれないと考えている．本書で紹介した手法やその模型は未だアイデアの段階のものが多く，時間の厳しい試練を受けた十分に洗練された代物ではない．その分，伸び代もあり，可能性も大きいのだと楽観的に考え，夢を見ている．

　先人が残してくれた膨大な伝承折紙の知識を駆使し，読者が本当に面白い，驚

くような作品を多数創出して欲しい．そしてそれらを新しい製品や造形品の形で世に問うてもらいたい．折紙の模型作りはある種忍耐の修養の面があり，面倒なものである．無心で折りながら何か新しいものをボンヤリと考えているとき，折紙の神様がほほ笑むのである．

参考文献

(1)「折紙の数理と応用」野島武敏,萩原一郎著編(共立出版,2013)」,

(2) 野島武敏,平板と円筒の折りたたみ法の折紙によるモデル化,日本機械学会論文集C,66-643,(2000)P.1050-56

(3) T. Nojima, Modeling of Folding patterns in flat membranes and cylinders by origami, JSME International J. series C, Vol.45, No.1 (2002) 364～370

(4) 野島武敏,折りたたみ可能な円錐殻の創製,日本機械学会論文集 C,66-647 (2000)P.2463-69

(5) 野島武敏,異なる要素形状の組み合わせからなる折りたたみ可能な筒状構造,同上論文集C, 68-666(2002)P.1015-20

(6) 野島武敏,亀井岳行,ら旋状の折り線で構成された折りたたみ式円錐殻の折紙によるモデル化,同上論文集C, 68-667(2002), P. 1009 - 1014

(7) 野島武敏,薄い円形膜の折りたたみ法のモデル化(等角螺旋による折りたたみ法),同上論文集C,67-657,(2001), P.1669～74

(8) 野島武敏,展開の容易な円形膜の折りたたみ／巻き取り収納法,同上論文集C,70-689(2004)P.251-57

(9) 野島武敏,容易な展開を考慮した薄い円形膜の折りたたみ法の折り紙によるモデル化,同上論文集C,67-653(2001)P.270-75

(10) 野島武敏,プラントミメティックス,NTS出版,(2006),106-117,口絵P.1,表紙

(11) 野島武敏,数理折紙による折紙の学術的応用,応用数理,岩波(2008) P.25-38

(12) 杉山文子,野島武敏,エデュテインメント性を有する教育用数理折紙モデルの提案,数学教育学会誌50巻,No1・2(2009)

(13) 野島武敏,杉山文子,折紙の工学化とその課題,シミュレーション,第 29巻3号(2010)P.82-89

(14) 野島武敏,多田章二,勇田篤,日下貴之,武田英徳,折りたたみ／展開の可能な小型膜構造モデルの製作,膜構造研究論文集 2001, No.15 (2001a), pp.19-25.

(15) 野島武敏,武田英徳,膜構造の折りたたみ法のモデル化,第17回宇宙構造・材料シンポジウム講演後刷集,(2001).

(16) 杉山文子,野島武敏,球状膜を半径方向に収縮させながら軸方向に折り畳む方法の開発,日本機械学会論文集,Vol.80, No.814 P.DROI(2014)

(17) 野島武敏, 構造工学ハンドブック, 第14章, 折紙構造, 丸善(2003), P.951〜958
(18) T. Nojima and K. Saito, Development of newly designed ultra-light core structures, Inter. J of JSME A, 49, (2006) P.38-42
(19) 斉藤一哉, 野島武敏, 平面空間充填形に基づく新しい軽量高剛性コアパネルのモデル化, 日本機械学会論文集A, 73-735, (2007), P.1302〜09
(20) 京都新聞2002年11月27日朝刊
(21) 朝日新聞2007年12月17日朝刊, 25面
(22) 日本経済新聞2015年1月25日朝刊, 17面
(23) Domus 2013年11月号
(24) Issey Miyake 作品カタログ(服飾品), 2(2014), 陰翳(ランプシェード)(2013)
(25) 一松信, 多面体を解く, 東海大学出版会(2002)
(26) Lang, J. and Bateman, A., Every spider web has a simple flat twist tessellation, Fifth International Meeting of Origami Science, Mathematics, and Education, CRC Press, 2011, p.455-473.
(27) 三浦公亮, 舘知宏, 折り畳める筒と, アクチュエーター, ベローズへの応用の可能性, 日本機械学会, D&D2011 アブストラクト論文集 No11-2, (2011) CD-Rom論文集(高知)
(28) 舘知宏, 四変形メッシュに基づく折紙デザイン手法, シミュレーション, 第29巻3号(2010) P.102-07
(29) 野島武敏 剛体折り紙による造形と関連する課題, 日本機械学会, D&D2011アブストラクト論文集, No.11-2, (2011) P.41, CD-Rom論文集(高知)
(30) 鵜戸口英善, 弾性学, 共立出版(1965) P.142

付録 1　折り畳みのできる角錐の筒を切断するときの角度関係とその幾何学的説明

本文の式(4-2)を幾何学的に図 A-1(本文の図 4.7(f))を用いて考える．∠DOE = ∠FOE = θ である．点F'は点Dと垂直線OEに対して対称の位置にとる．∠OED = ∠OEF' = β とする．点Eから辺OF'に垂線EHを引き，この垂線に対して点F'と対称な点Fを定める．∠F'EH = ∠FEH = γ と置くと，∠OEH = 90° − θ = β + γ より

　　γ = 90° − θ − β

となる．すなわち，

　　∠OEF = β + 2γ = β + 2(90° − θ − β) = = 180° − β − 2θ

で表される．式(4-2)よりこの∠OEFは角αである．すなわち，角度αを与える点Fは，角度βを与える点Dと中心線OEに対して対称な点F'と，垂直線EHに対して対称な位置関係にある．線分 EF' と EF の長さは等しいから線分 DE と EF の長さが同じになり，屈曲線 DEF で切断して切断線の上部の矩形部分の左右を反転させてもうまく嵌め込むことができる．

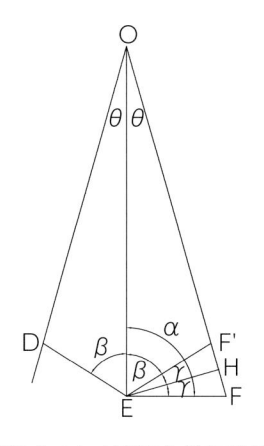

∠DOE=∠F'OE= θ
∠OED=∠OEF'= β
∠OHE=90°
∠OEF= α
∠F'EH=∠FEH= γ
∠OEF = α = β + 2γ
本文の式(4-2)；α + β + 2θ = 180°

図A-1　切断する角度関係と幾何学的説明

付録 2　等角螺旋を交互に反転させたジグザグの折り線を用いた近似折り畳み手法の誤差の評価

角錐筒の設計を等角螺旋を用いて近似的に求める方法の折り畳み条件を考える．図A-2(a)は円の半径を1，中心をOとする円で，外周上に点A，B，Cが等角度で分配されている．これらの点から半時計周りにθ回転した半径(= 0.8)上に点D, E, Fを定める．点G, H, Iは元の半径上にありそれらの半径を0.8^2とする．半径を順次，0.8^3，0.8^4 のように等比的に小さくしながらこの操作を繰り返す．

各点を半径方向にも結んで作られるゆがんだ菱形はすべて相似であるためこのような模様を自己相似と呼ぶ．これにより得られる半径方向のジグザグの螺旋を反転らせんと呼ぶ．

△OAB, △OBC, △ODE 等は頂角Θの2等辺3角形で，その底角は 90°−Θ/2 である．ゆがんだ菱形の4つの内角を図のようにα，β，γ，δとする．辺 AD，BE，CF が半径方向と角φをなすとすると，

$$\alpha = 90° - \Theta/2 - \phi, \quad \beta = 90° - \Theta/2 + \phi \tag{A-1}$$

となる．△OABと△ODEに注目すると，△ODEは角度θだけ半径OAから回転したものであるから△OABの底辺と△ODEの底辺のなす角はθである．すなわち，ゆがんだ菱形の上辺 DE は底辺 AB と角θだけねじれた状態にある．菱形ABEDだけを取り出した図A-2(b)において点Dから底辺ABに平行な線分DJを定めると，∠DJB = 180°−β = 90°+Θ/2−φとなるから，∠DEB = δ は次式で表される．

$$\delta = 90° + \Theta/2 - \phi - \theta \tag{A-2}$$

平坦に折り畳む条件(補角条件)を点 E を代表点として調べると，式(A-1)(A-2)を用いると

$$\beta + \delta = 180° - \theta \tag{A-3}$$

となり，振り角θ分だけ補角条件と異なり，点Eでの平坦折りの条件を満たさない．すなわち 4.4 節で述べた設計法は表題で記したように近似的なものであり，振り角θを 1〜2°程度の小さな値に選ぶことが必要である．

なお，このことは1節点6折り線法で可能であった等角螺旋に基づく折り線表記による円形膜や扇形の折り畳みの展開図の作図法を1節点4折り線法には厳密な意味で適用できないことを表している．この結果として，1節点4折り線法による折り畳み展開図の作図法は鏡面則を用いざるを得ないのである．

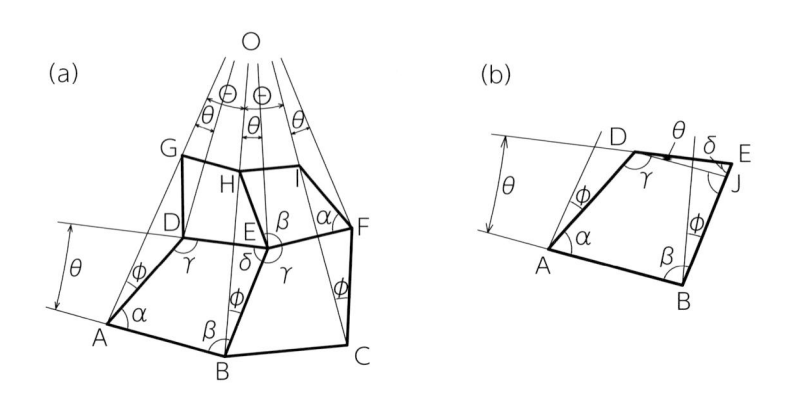

図A-2 等角螺旋を交互に反転させたジグザグの折り線を用いた近似折り畳み手法の誤差の評価

あとがき

　模型作りをしながら著作する，走りながら考える日々であった．長い間忘れていた折紙研究を始めたころの新しいものを作るドキドキを久方ぶりに覚えた．短い期間に多くの作品を試作できたのは京都大学大学院工学研究科，杉山文子博士によるところが大きい．図面の作成や緻密な模型作りなどの多大な助力に深甚なる感謝を記す．

　また，本書の出版を快くお受け下さった株式会社日本折紙協会，お世話賜った一般社団法人日本折紙協会の佐野友専務理事，月刊おりがみ青木伸雄編集長，お世話になった多くの方々に心より感謝を申し述べる．

著者紹介
野島武敏

略歴；京都大学工学部航空（現，航空宇宙）工学科卒，同大学院工学研究科修士課程修了，京都大学工学博士，京都大学工学部航空宇宙工学科・助教，オックスフォード大学理工学部シニア・リサーチフェロー，東京工業大学イノベーション研究推進体，特任教授などを経て現在，（株）アート・エクセル 折紙工学研究所主宰，

折紙に関する研究での受賞

「数理折紙による折紙の工学化の研究」で文部科学大臣賞（科学技術賞，研究部門，2009），日本機械学会論文賞2回（2008，2015），日本応用数理学会賞（2015），国際会議での受賞2回等

ものづくりのための立体折紙
3D Origami for Monozukuri
2枚貼り折紙の提案
Proposal of Pairing Origami

2015年 7月15日 初版発行

著　　者　野島武敏
発 行 者　大橋晧也
編集／発行　日本折紙協会
　　　　　〒 130-0004
　　　　　東京都墨田区本所 1-31-5
　　　　　TEL　03-3625-1161
　　　　　FAX　03-3625-1162
　　　　　URL　http://www.origami-noa.jp/
　　　　　電子メール　info@origami-noa.com（事務局）
　　　　　　　　　　　henshubu@origami-noa.com（編集部）
　　　　　郵便振替口座　00110-6-188035

DTP　　　　有限会社サイレック
印刷・製本　シナノ印刷株式会社

ISBN 978-4-86540-040-3　C2076

© Nippon Origami Association　Printed in Japan 2015
本書掲載内容の無断転用を禁じます。
落丁・乱丁本は、お取り替えいたします。
No part of this publication may be copied or reproduced by any means
without the express written permission of the publisher and the authors.